營建與技藝

世界文化遗产颐和园

北京兴中兴建筑设计有限公司
刘若梅　编著

天津大学出版社
TIANJIN UNIVERSITY PRESS

图书在版编目(CIP)数据

营建与技艺 : 世界文化遗产颐和园 / 北京兴中兴建筑设计有限公司, 刘若梅编著. -- 天津 : 天津大学出版社, 2024. 11. -- ISBN 978-7-5618-7885-9

Ⅰ. TU-87

中国国家版本馆CIP数据核字第2024SH2722号

YINGJIAN YU JIYI——SHIJIE WENHUA YICHAN YIHEYUAN

图书策划 金 磊 苗 淼
编辑团队 韩振平工作室
策划编辑 韩振平 刘 焱
责任编辑 刘 焱
装帧设计 董晨曦

出版发行 天津大学出版社
地　　址 天津市卫津路92号天津大学内(邮编:300072)
电　　话 发行部:022-27403647
网　　址 www.tjupress.com.cn
印　　刷 北京盛通印刷股份有限公司
经　　销 全国各地新华书店
开　　本 710 mm×1010 mm 1/16
印　　张 14.75
字　　数 227千字
版　　次 2024年11月第1版
印　　次 2024年11月第1次
定　　价 158.00元

目录

颐和园东宫门涵虚牌楼

保护单位
园
国国务院
四日公布
一九八一年七月立

人在画中游

颐和园德和园

夕阳下的西堤

序

单霁翔

1998 年入选《世界遗产名录》的颐和园，是中国现存最完整、规模最大、最具魅力的皇家园林，它与历代皇家建筑的不同之处在于宫殿与园林之巧妙结合，它荟萃着南北私家园林之精华，其建筑、景观、园林的文化遗产特质与人文内涵在中外建筑园林史上都占据着重要的地位，每天吸引着来访的中外宾客。投身于世界遗产保护与传承事业，我始终关注着颐和园的保护与文化传播。近来，当一本由北京兴中兴建筑设计有限公司（以下简称“兴中兴公司”）刘若梅老师领衔编著、由《中国建筑文化遗产》编辑部承编的书《营建与技艺——世界文化遗产颐和园》的清样放在我面前时，我翻阅后，欣然接受为该书作序的邀请。

翻阅这本书，我发现兴中兴公司竟然在 1988 年就开始了对颐和园相关建筑的修缮与复原的设计工作，如景明楼工程。当时，刘若梅组织并邀请罗哲文、杜仙洲、傅连兴等古建专家，共同研究了景明楼的复原方案：他们坚持从考古遗址挖掘的史料出发，坚持“以该遗址项目研究为先”的修复设计原则。正是基于这些理性与科学的分析，直至 1991 年，景明楼复原设计工作才正式启动。1992 年，项目竣工。景明楼复建工程被北京市园林局评为 1992 年优秀工程。景明楼成功复原所坚持的设计原则，完全符合世界文化遗产管理和保护的各项要求，这说明兴中兴公司在 30 多年前就已经恪守文物保护复原的设计原则，这一点让我尤为感佩。

我还发现，书中共收录了 26 个兴中兴公司为颐和园完成的修缮设计项目，代表作包括：复原设计了颐和园澹宁堂，修缮设计了颐和园大船坞、小船坞，颐和园谐趣园，颐和园德和园，颐和园四大部洲，颐和园画中游，颐和园须弥灵境，颐和园清晏舫，颐和园南湖岛，颐和园听鹂馆，颐和园西堤四桥，颐和园知春亭，颐和园清华轩以及为迎接 2014 年国家举办亚太经合组织（APEC）会议接待重要使节嘉宾所做的环境整治等项目。无疑，他们为颐和园的古建园林修复设计做出了突出贡献，是中国古建园林界的佼佼者。

我记得曾任颐和园总工程师的耿刘同老师，在 20 多年前就一直指导支持着兴中兴公司对颐和园的修缮设计工作。他对“颐和园不同于官式皇家建筑”有其独到的见解，也许这些理念是兴中兴公司能在几十年中持续为颐和园进行修缮设计的理论支撑。从管理国家文物局到管理故宫博物院，再到参与《万里走单骑》等纪录片的拍摄，这些都不断地加深着我对世界遗产的认知。我对兴中兴公司几十年来对颐和园进行的修缮设计工作有两点感想：其一，文物保护修缮设计单位能在长久的耕耘中基业长青，依靠的是对文化的传承与信念的坚守；其二，兴中兴公司之所以能够在几十载创业发展历程中不断进步，还得益于中国文物学会、中国文物学会传统建筑园林委员会专家领导的指导与支持。在此，我要特别感谢由刘若梅领衔的北京兴中兴建筑设计有限公司团队一直以来对中国文物学会各项学术工作的大力支持。

单霁翔先生

有鉴于此，我祝贺《营建与技艺——世界文化遗产颐和园》成功出版，它不仅汇集了兴中兴公司对颐和园进行保护修缮的设计成果，更重要的是，它传承了一代又一代古建园林人的精神风貌。特别是在该书中，我们也能看到不少令人敬仰的古建园林先贤的身影。有感这些，我愿以此为序。

单霁翔

中国文物学会会长、故宫博物院学术委员会主任

2024 年 4 月

写在前面

求真识史与传承创新

——北京兴中兴建筑设计有限公司颐和园修缮保护工程历程

刘若梅

2024 年，在新中国成立 75 周年之际，北京兴中兴建筑设计有限公司也步入了第 40 年。1984 年，在中国文物学会成立的同时，兴中兴公司作为一家专注于古建筑修复与保护的机构应运而生，与之同时成立的还有中兴文物建筑工程公司，我有幸作为两家机构的负责人。此后经过企业改制，我最终也完成了身份的蜕变。回首这 40 年，我们的团队始终坚守在中国文化遗产保护事业的前沿。承蒙各方的信任，我们责任在肩，参与并完成了一系列国家级、省市级重点项目的保护修复工程。今天，我要回顾的是从 1988 年至今，兴中兴公司在对世界

纪念梁思成先生诞辰 110 周年暨中国文物学会传统建筑园林委员会第十七届年会合影（2011 年 12 月）

70 岁的笔者与同事合影（2019 年 12 月 23 日，北京聚德楼）

文化遗产颐和园的保护与修复工作中，是如何深耕细作的。这段历程不仅是兴中兴 40 载文化遗产保护传承史中的辉煌篇章，更是中国建筑遗产保护事业传承创新发展的见证。

一、世界文化遗产颐和园的修缮历程

颐和园于 1961 年成为首批全国重点文物保护单位之一，于 1998 年入选《世界遗产名录》。兴中兴公司对颐和园的保护修缮工作可追

世界遗产铜牌

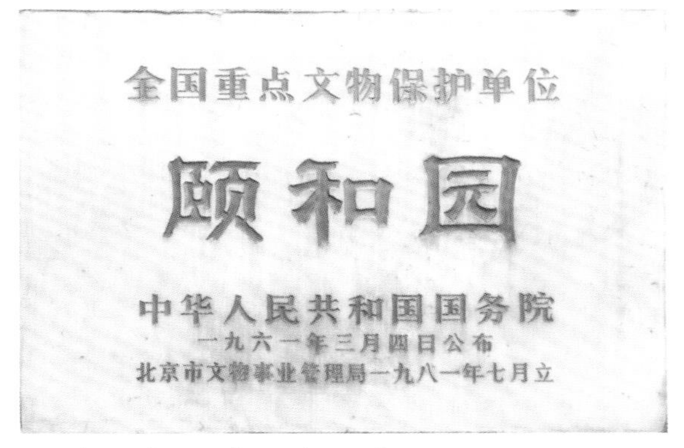

全国重点文物保护单位颐和园石牌

溯到 1988 年，从承接的第一个项目——景明楼复建设计开始，到此后澹宁堂、大小船坞、四大部洲、画中游、须弥灵境，直至今日的介寿堂院工程，兴中兴主持完成了近 30 个颐和园古建保护修缮项目。在为颐和园服务的这 36 年中，我们团队的修缮设计实践是与时俱进的，我们从中获得了一系列的宝贵经验。时至今日，这些经验仍在指导着我们的遗产保护修缮工作。

1988 年 9 月，在兴中兴公司成立的第四年，我带领团队正式承接景明楼的复建设计工作。景明楼坐落于颐和园西堤练桥和柳桥之间，1860 年被英法联军烧毁，因而那片区域十分荒芜，直至 20 世纪 80 年代末，依旧游人稀少。1988 年，正值改革开放进入兴盛时期，各方领导专家从提升颐和园游人接待量的角度，提议恢复西堤区域景观，景明楼的复建便是重中之重。

该动议得到相关部门批准后，中国文物学会传统建筑园林委员会作为专家班底，由故宫古建处处长傅连兴担任顾问，邀请了罗哲文、杜仙洲等专家进行评议。大家一致认为应恢复景明楼，并提出应先进行遗址发掘，将埋在地下的遗址清理出来。通过北京考古所的遗址发掘工作，整个遗址的状况得以清晰呈现，从中可以明确景明楼的建筑

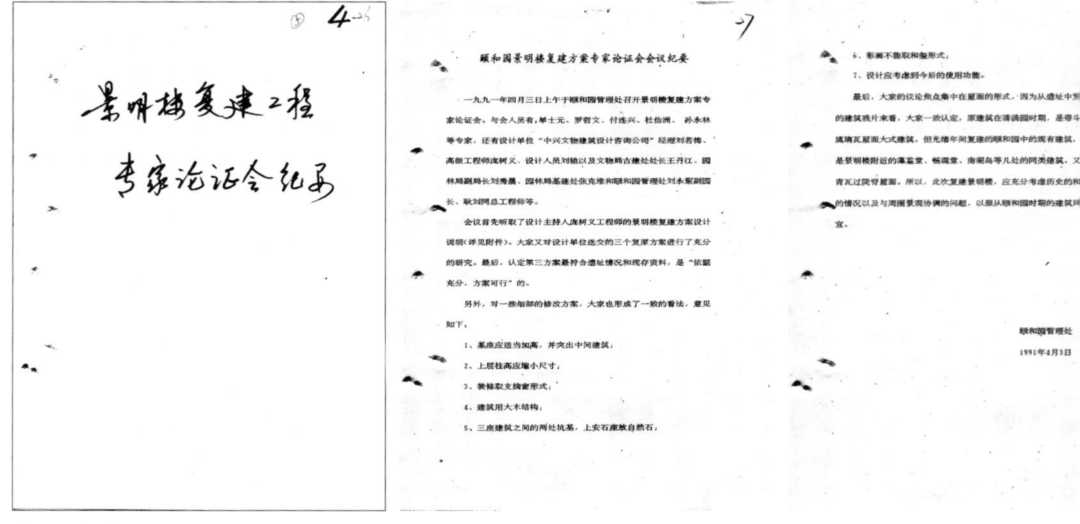

景明楼复建工程

专家论证会纪要

颐和园景明楼复建方案专家论证会会议纪要

一九九一年四月三日上午于颐和园管理处召开景明楼复建方案专家论证会。与会人员有，单士元、罗哲文、付连兴、杜仙洲、孙永林等专家，还有设计单位“中兴文物建筑设计咨询公司”经理刘若梅、高级工程师庞树义、设计人员刘锦以及文物局古建处处长王丹江、园林局副局长刘秀晨、园林局基建处张克维和颐和园管理处刘永聚副园长、耿刘同总工程师等。

会议首先听取了设计主持人庞树义工程师的景明楼复建方案设计说明（详见附件）。大家又对设计单位送交的三个复原方案进行了充分的研究。最后，认定第三方案最符合遗址情况和现存资料，是“依据充分，方案可行”的。

另外，对一些细部的修改方案，大家也形成了一致的看法，意见如下：

1、基座应适当加高，并突出中间建筑；

2、上层柱高应缩小尺寸；

3、装修取支摘窗形式；

4、建筑用大木结构；

5、三座建筑之间的两处坑基，上安石座放自然石；

6、彩画不能取和玺形式；

7、设计应考虑到今后的使用功能。

最后，大家的议论焦点集中在屋面的形式，因为从遗址中

的建筑残片来看，大家一致认定，原建筑在清漪园时期，是带斗

琉璃瓦屋面大式建筑，但光绪年间复建的颐和园中的现有建筑，

是景明楼附近的藻鉴堂、畅观堂、南湖岛等几处的同类建筑，又

青瓦过陇脊屋面。所以，此次复建景明楼，应充分考虑历史的和

的情况以及与周围景观协调的问题，以服从颐和园时期的建筑

宜。

颐和园管理处

1991年4月3日

景明楼复建工程专家论证会纪要　　颐和园景明楼复建方案专家论证会会议纪要（1991 年 4 月 3 日）（组图）

福荫轩现场验收

四大部洲专家会

结构和布局具有明显的清代官式建筑模式。但因地上建筑已被烧毁，也没有历史文字资料、照片等可供参考，于是在专家们的指导下，我们当时收集、梳理、研究了大量乾隆时期的诗词歌赋，结合历史背景和文化特征，科学地推断出景明楼的具体位置、建筑外形等。同时，团队根据挖掘遗址中的柱网布局和模数，推算出景明楼就是两层楼，从而和颐和园的其他建筑相协调。在丰富的调研工作基础上，我们提出了复建设计方案，后经多轮论证和修改，报北京市文物局审批，审批通过后，陆续启动设计与施工工作。1990 年，景明楼外观已初具规模，并得到业界专家和北京市文物局的认可。景明楼的成功复建，使颐和园西堤景观得到质的提升，不仅使这片区域从荒芜闭塞到游人如织，成为颐和园的地标性景观之一，还探讨了在遗产保护中求真识史的价值，这在当时对全行业颇有启示意义与典范价值。

正因为有了景明楼项目的成功，1995 年，兴中兴又承接了颐和园澹宁堂的复原设计工作。澹宁堂是颐和园后溪河旁的临水建筑群，其原型澹宁居是康熙在畅春园赐给后来的乾隆皇帝的一处书屋。澹宁居毁于火灾后，乾隆仿其原貌重建澹宁堂。1860 年，畅春园遭英法联军入侵，澹宁堂毁于火灾之中。1996 年，澹宁堂复原。兴中兴作为一家民营古建园林设计修缮单位，连续主持完成了两个“国宝级”建筑遗产的复建工作，一方面靠着团队过硬的技术力量和拼搏精神，更重要的在于仰仗中国文物学会雄厚的专家力量的有力支撑。该项目获得了当时首都规划委员会的高度认可。

德和园的保护修缮工程是兴中兴在颐和园中做的代表项目之一，2009—2010 年修缮设计，2012 年 12 月竣工验收。本次修缮是颐和园德和园在新中国成立后进行的首次大规模修缮，除主体建筑外，鉴于建筑彩画在保护木构件的同时，还起到重要的装饰作用，尤其是在颐和园园林景观中，作用更为突出。因此，对彩画的研究与修复，对于团队而言是新的挑战。研究人员依据“颐和园建筑彩画历史信息的研究与保护”课题成果，对该景区彩画进行了分类统计与研究。我们根据现存彩画的画面绘制水准、画面保存情况和地仗保存情况等，选择合适的修复方式。一类彩画，画面绘制较好，保存较好，它们代表一

须弥灵境验收

画中游土建监督站现场指导

画中游彩画保护监督站现场指导

画中游彩画保护验收

定历史时期的风格（或已经被世人广泛认可），其表面有明显的积尘。保护方案为尽量不干预现有彩画，仅作除尘处理。二类彩画，画面绘制一般，中度残损。修复方式为：在除尘保护完成后，对画面残损、丢失较为严重的部分彩画，完全按照原有彩画样式、纹饰和色彩进行补绘，对残损较为轻微的彩画不作处理。三类彩画，画面重度残损或在以往修复中改变了原有做法。针对这类彩画，宜以颐和园中现存的同时期、同类别的彩画为依据，采取重绘的方式。例如：以同时期颐和园西宫门组群彩画为参照进行重绘，其中重绘金龙和玺彩画参考西宫门彩画，重绘苏式彩画参考西宫门德兴殿南群房及南小院东西值房保留的苏式彩画。应该说，德和园彩画保护，对兴中兴团队而言是考验，也是一次水平的综合检验，它的成功完成，充分证明兴中兴团队对遗产保护五项基本要求“真实、完整、可识别、可逆、最小干预”的精准把控能力。在此要提的是王仲傑先生作为顾问，在颐和园保护修缮工程中油饰彩画方面起着重要的作用。

颐和园中因各种原因被毁坏的建筑与景观很多，因此兴中兴公司完成的颐和园相关项目中，很大一部分是复建工作，其中恰恰伴随着30多年间国家在文化遗产保护方面理念与政策的变化。在20世纪90年代，面对复建项目，有些专家强烈表示复建的建筑不具有文物价值，甚至对复建本身持抵触态度，将复建的建筑一律戴上“假古董”的帽子。

清华轩方案评审

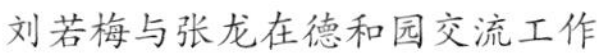
刘若梅与张龙在德和园交流工作

听鹂馆方案专家评审

我认为，从颐和园的未来发展看，需强调历史脉络的完整性，因而具有代表性的复建项目必不可少。我们相信，虽然在复建项目中使用了现代的技术、工艺和理念，但从项目的重要性角度看，如果它处于园内核心区域，其对于所在片区是不可或缺的，这是遗产完整性之要求。基于对历史资料挖掘论证开展的复建工作，恰恰是对文化遗产传承发展的贡献。近几年，我们在做相关复建修复项目时，确实遇到了不少阻力，如颐和园须弥灵境项目，只恢复了原有遗址和配套用房。事实上，在这方面要做的工作和研究很深入，我们不应故步自封，要有对遗产传承发展的改革态度。

颐和园在首都北京乃至全国文化遗产领域占据重要的地位。兴中兴公司除在专业领域做修缮工作外，还需配合管理部门做一些辅助工作，同时还要为颐和园管理方从管理角度的各方面做好与设计建设相关的服务。兴中兴公司发展至今，建立了从设计到施工的一体化服务体系，从调研、立项、设计到施工，几十年如一日，将甲方全周期的工作做扎实。我们的服务全链条的特点以及良好口碑是赢得颐和园管理方信任的关键。2024 年，面对新的市场需求，兴中兴公司增加了数字所、规划所等团队，投入人力物力进行科研创新，进行文化遗产保护与再利用的课题研究。

二、专家们的鼎力支持令我终生难忘

兴中兴公司能为世界文化遗产颐和园修缮保护服务近 40 年，如果缺少来自业界内外，特别是中国文物学会以及传统建筑园林委员会专家们的鼎力支持，是很难做到的。中国文物学会实实在在地从技术及学术力量方面支持了企业的发展，企业也为中国文物学会的运营提供了必要的发展保障支持，两者相辅相成。改革初期，文物保护工作管理还不够规范，但兴中兴公司有中国文物学会的专家作为技术依托，因此在项目定位、方案设计与管理规范等方面都有专家把关，每个项目都有专家指导,从而在设计质量上有了准确控制。兴中兴公司的项目遍布30个省市，正是有老一辈专家们的支持和指导，兴中兴公司才成为今天这样一家有坚实积累的企业。为颐和园项目提供指导、支持的专家很多，尤其要感谢的是中国文物学会的老专家单士元、谢辰生、罗哲文、杜仙洲、郑孝燮、傅连兴等。在颐和园工作的总工耿刘同也在具体项目上给予我们很多指导。兴中兴公司内部的资深专家们也发挥着作用，对颐和园项目做出了突出的贡献，如庞树义、孙永林等。以下简述一些与专家们在一起的难忘回忆，也许他们的帮助不拘泥于颐和园项目，而是贯穿于我 40 余年整个遗产保护的职业生涯中。

东岳庙修缮（左一：刘若梅；左二：傅连兴；左四：杜仙洲；左五：单士元）

1989年，作者与罗哲文、傅连兴沟通工作

傅连兴（1933—1998年）

傅连兴先生在故宫博物院任职，主持古建部工作。正是在傅连兴先生的推荐下，我才正式进入传统建筑园林委员会任秘书长。传统建筑园林委员会创立初期乃至中期的发展中，傅连兴对颐和园等重要项目都给予了我个人及团队不遗余力的支持。傅先生是位“奇人”，这不仅指他有较强的业务能力，更指他通晓古建界和建筑界重要的人和事。

我曾经在一篇文章中表达过对付先生英年早逝的惋惜：“……傅连兴在1997年学会换届后就去世了，非常可惜，是古建界一大损失，对于傅连兴同志是特别应该怀念的。每个人都是沧海一粟，分工不同，能力各异，聚在一起，才有力量，少了谁，力量就有些欠缺。傅连兴在古建界文物保护上有非凡作用。不管是罗哲文老，还是谢辰生老，和他的关系都很好，他也深得这些老前辈的器重。傅连兴的特点是‘敢说’‘会说’且能干，只可惜，他去世太早了。我一直在想，如果傅

刘若梅与罗哲文先生

刘若梅陪同罗哲文在杭州考察

连兴还健在，北京乃至学会的文物保护工作会做得更加有声有色。”

罗哲文（1924—2012 年）

罗老是我后半生事业的引导者，是我的长辈，更是导师。1983 年，我在王定国老的家中第一次见到罗哲文先生。第一印象中，他是一个和蔼可亲的人。罗哲文先生是中国老年文物研究会（中国文物学会前身）的发起人之一，因为学会筹备成立前所有相关手续及大会筹备工作，都是我具体去办，所以罗老对我这个年轻人格外信任和器重。当时的上级主管单位让我负责企业管理工作。因为有罗老的鼓励与支持，我才有信心将公司业务顺利开展，也保证了学会的正常开支。每当遇到问题时，我就去请教罗老。罗老从保护理念到技术措施给了我太多的指导和传授。具体到项目上，他亲自去现场勘察，审定方案，告诉我如何把控。20 世纪 80 年代末，泸州老窖申请国保，罗老和黄景略局长一起去做现场调研就带上了我，让我记忆犹新的是在泸州老窖池边，罗老给我讲老窖口遗存和基址如何判断，土层是如何形成的，以及如何判断年代的痕迹。专家在现场讲解，就是开小灶教授课程。

罗老还在颐和园项目中给予了我们极大的帮助。20世纪80年代末，颐和园为了修整园子西侧景观，拟复建被英法联军毁坏的西堤上的景明楼，恢复西堤景观，疏解游人到西部游览，这可谓重视颐和园在各个历史时期完整性的开端。兴中兴公司请了罗哲文先生、杜仙洲先生、傅连兴先生对前期复原工作做了反复研讨。罗老首先赞同复建，他认为复建工程只要具备条件也是非常有意义的，并责成傅连兴先生负责兴中兴公司的方案指导工作。罗老从遗址发掘开始，查找了大量历史资料。罗老为了复建依据充分，又找到许多乾隆皇帝对颐和园西堤景观的赞颂诗句，并逐字逐句推敲。罗老雅好诗书，他不是作诗填词，感时抒怀，而是以诗为历史遗存做证。吟诗留史，在文物保护中，罗老发挥他渊博的文化功底，让我们深感其文化修养与人格魅力。多次方案论证会罗老每次必到。遗址发掘清晰可见。周边的构件残留全部

1992年，刘若梅与中国文物学会老专家合影

收集后继续使用在复建工程上。颐和园聘请了有经验的老师傅对施工进行指导，严格采用传统材料、传统文艺、传统做法。景明楼完工后得到各方好评，获得优秀设计奖，罗老功不可没。也就是在那个大时代背景下，颐和园的西部景观得以更加完整地呈现，其影响一直延续至今天。从某种意义上讲，这是遗产促进文旅的实例。

2012 年罗老去世后，他与颐和园的渊源还在继续：2012 年 6 月 6 日，文博界同人在北京颐和园清外务部公所召开了罗哲文同志追思会。2022 年 11 月 9 日，“哲匠文华——罗哲文生平回顾展”在颐和园德和园开展。2024 年 4 月 16 日，“我和罗哲文的一段往事——纪念罗哲文先生诞辰 100 周年座谈会”在北京颐和园管理处举行。罗老用他对中国文化遗产事业的执着追求，支持我们的修缮工作，与我们共同守护着颐和园这块世界园林的瑰宝。

罗哲文同志追思会留影

谢老考察承光殿

谢辰生（1922—2022 年）

2022 年 5 月 2 日，谢辰生先生去世了，享年 100 岁。在这 100 年的时空道路上，谢老坎坎坷坷地走着，但他却坚持做了一件事，为了中华民族的文物保护工作，倾心倾力并倾之所有。我是在 30 岁时进入文物保护领域才接触到谢老，我与谢老工作上的交往越来越深，我越来越像是谢老的学生、孩子乃至家人。

谢老是在新中国成立前参加革命并从事文物保护工作的。在改革开放后，谢老更是文物界的领军人物，是一面大旗。在改革开放大力发展经济的时期，老城改造与文物保护发生了矛盾，谢老与开发商形成针锋相对的势态，甚至安全都受到了威胁，但谢老毫不畏惧，坚持自己的观点，坚持保护理念，因此谢老有了文物界“倔老头”的名声。但我通过和谢老接触，感觉其实不然，我在这几十年从事文物保护工作中，遇到一些难以解决的问题就去请教谢老，他对每个项目都能实事求是地从实际出发。文物要保护好，经济要发展，其实处理好了并

刘若梅与谢辰生先生出席学术会议期间合影

谢辰生先生在家中写作

不冲突，每位专家的建言也是为政府把关，专家们还要出谋划策。正是因为有谢老这样的专家，更多的文物才得以保留传承。谢老的所作所为得到从中央到地方各级领导的尊敬。有这样的专家在文物保护工作中发挥作用，文物保护工作才能得到充分的重视，避免了更多的损失。

谢老在安贞小区住时，我跑得比较勤。为了多和谢老请教理念，我每周去两三次，也做些谢老顺口的，可以让老两口吃几天。每次谢老都给我讲很多他年轻时的工作经历、和老朋友之间的过往，让我更深刻地感到谢老内心有一团火，对待家人、朋友、同事像春天般温暖，对待破坏传统文化和文物的人像严冬一样毫不留情。谢老热爱党，热爱国家，更热爱我们这个民族，所以为之奉献一生的精力。谢老的精神值得我们去学习、传承和弘扬。

王仲傑（1933—2023 年）

说到为颐和园做出贡献的前辈，必然要提到王仲傑先生，他对兴中兴公司颐和园修缮项目多次给予指导和帮助。下面是王仲傑先生的孙女王木子对她爷爷为古建园林做出的贡献的回忆。

我的爷爷王仲傑先生 1933 年出生于北京，1956 年进入古代建筑

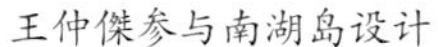
王仲傑参与南湖岛设计

王仲傑参与德和园设计

修整所工作，曾参加新中国成立初期重要的“永乐宫迁建工程”。1971年调入故宫博物院古建部至1997年退休，曾任中国紫禁城学会理事、中国圆明园学会顾问、故宫博物院古建部高级工程师，于2014年被授予“中国民族建筑事业终身成就奖”，曾主持数十项官式建筑彩画、油饰、裱糊工程，为故宫明清官式建筑保护研究做出重要贡献。

我的爷爷在日常生活中时常和我念叨家里的历史，从我家裱糊世家的历史，到拜彩画界巨匠金荣老先生为师，后进入古代建筑修整所赴全国各地临摹彩画。他是我在古建筑以及彩画方面的启蒙老师。我的专业背景是建筑与土木工程。入职前，他对我进行了1对1的辅导，详细讲解了彩画的起源和发展，从地仗油饰工艺材料讲到彩画类别等级年代，最后到裱糊作，使我对古建筑彩画产生了浓厚的兴趣，并初步理解了房梁上的彩画图案竟然还包含着考古学、材料学、史学和美学等多方面的内容。在我上大学期间，他时常带我去各地考察学习，参加各种学术会议。我有幸与郭黛恒先生、杨焕成先生、张嘉泰先生有了深层次的交流。

我爷爷是一个朴实、勤奋的人，且永远保持着一颗好奇心，我从小和他生活在一起。从我记事起，他书房的灯总是亮到深夜。他对待自己的工作有三点原则：“没有调查就没有发言权，实践是检验真理的唯一标准，发现错误改得越早越好。”他还常说：“我就

专家评审意见表

方案名称	颐和园南湖岛景区修缮工程油饰彩画方案
项目单位	颐和园管理处
总体评价	较详实，设计有据。
专家具体评审意见	该区现存大部分皆是近几十年重绘之物，从彩画的配置上看无大问题，符合这一区域建筑分布，但是所绘彩画皆采用近代做法，没有体现光绪时期彩画的特点。2008年在颐和园西宫门以里的德兴殿前外檐，两侧垂花门的后外檐及其内檐，两侧游廊的内外檐，南院两座群房的前后檐，发现一批光绪时期的苏式彩画原迹。这批苏式彩画的整体配置清楚有序，尤其是德兴殿的苏式彩画，主题鲜明，体现祝寿内涵。做法精致，明间以"上青下绿"定位……等等。以此对照故宫内西路翊坤宫、储秀宫一区的光绪时期所绘的苏式彩画，既有诸多相同之处，如：包袱中方心中 专家签字： 年 月 日

可另附页

王仲傑对南湖岛彩画修缮工程的意见

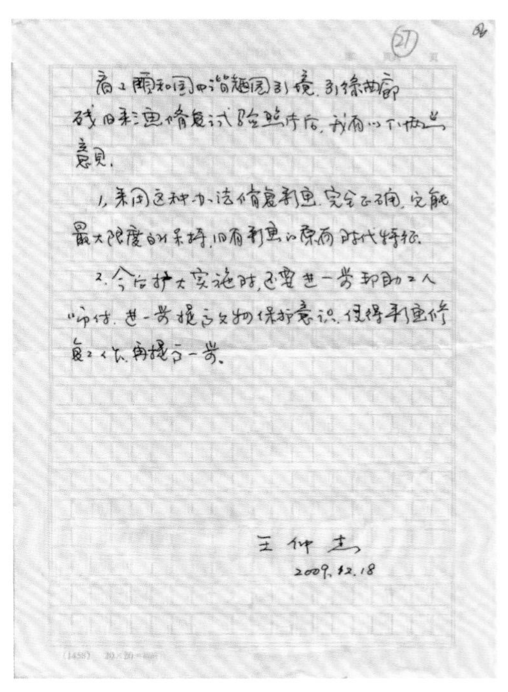

(27)

看了颐和园中谐趣园引镜、引胜曲廊残旧彩画修复试验照片后，我有以下几点意见。

1、采用这种办法修复彩画，完全正确，它能最大限度的保持旧有彩画的原有时代特征。

2、今后扩大实施时，还要进一步帮助工人师傅，进一步提高文物保护意识，使得彩画修复工作再提高一步。

王仲杰
2009.12.18

王仲傑对谐趣园彩画的修复意见

是一个不成熟的大娃娃，工作已经成为我的嗜好，对于我来说，工作也是一种享受，一个人的方法决定了一个人所能取得的成果，方法落后就会原地打转，举步不前。”他到任何一个地方总是带着他的笔记本随时记录彩画特征、纹饰以及一些重要的事情。在现场时，他常席地而坐，给同行人现场讲解。

在颐和园，他先后参与了景明楼、谐趣园、德和园、南湖岛、四大部洲修缮工程。在彩画设计中，他常跟我们说：“寻找历史老照片很重要，只要手里有一张老照片，一切问题就都迎刃而解了。”在进行颐和园德和园彩画设计复原工作时，他通过一张清代的老照片确定了德和园戏楼以及两侧看戏廊彩画的设色和纹饰特征。在四大部洲的彩画修复中，按同时期的承德普宁寺彩画的纹饰特征进行恢复。他亲自配合兴中兴公司到现场踏勘，并现场讲解普宁寺清中期官式彩画的特征。他曾严厉地要求我，做设计必须到现场细致观察。除了在方案设计阶段进行把关，在施工前，他尤其要对彩画谱

四大部洲修缮前赴承德考察

子进行详细的检查。他常说："所有彩画工程，最重要的就是审谱子，谱子的纹饰造型要符合原有彩画的时代特征，不能把清早期的彩画画成清晚期甚至民国时期的彩画。起谱子的师傅很重要，一定要全力模仿，忘掉自我。"他对彩画谱子要求很严，彩画谱子要符合原有彩画的时代特征，否则画得再好，在先生的眼中都不会过关。

值得提及的是，正是我所敬仰的前辈们的支持，以及传授的精神，让兴中兴公司有了较好的人才培养机制。除了中国文物学会专家的支持外，兴中兴公司一直注重内部老专家的"传帮带"人才培养模式。如古建园林二公司两位专家庞树义、孙永林都是在一线工作、有着扎实功底、经验丰富的文保工作者，他们退休后，我们便把他们聘请过来，请他们从设计到施工指导年轻人，为技术把关。这对兴中兴公司的骨干设计师们的成长是十分有益的。

三、颐和园修缮设计获得的保护理念与感悟

近 40 年遗产保护与修缮设计工作使我萌生了三大观念，也许它将成为兴中兴公司对待遗产保护的基本观点，对此我简述如下，不妥之处，还请专家们指教。

其一，要坚持遗产的生命理念。首都北京是一座有文化自觉的城市。我常想，遗产赋予了这座城市天然禀赋。作为呵护者，我们不仅要对它的物质外壳产生崇敬，更要尝试去触摸它澎湃不息的脉动及生机盎然的精神。尽管古建园林的作法有制式之别，但它的每处建筑与景观都要有新知涵养，所以，这要求兴中兴公司的设计不能是简单地复制，而应能体现当代遗产理念的薪火相传，赋予项目修缮生命的价值，力求真实可靠地呈现过去时光的细节与样态，仿佛是精神成长的生命体。遗产的生命观重在避免“封存”式保护，因为它会造成遗产与社会实际生活的割裂，使遗产的历史与人文价值难以呈现。遗产的生命观本质上还强调不仅仅要注重遗产本体的保护，更要以人类学的视野强化遗产服务社会价值的挖掘。联合国教科文组织定义“世界遗产”是指将过去储存于现在，并且要在当下活生生地延续并做文化“展演”的有形遗产。所以，从遗产生命体这个角度讲，颐和园或许极具典型性和代表性，因为它背后蕴含的是关于被凝固的真实建筑景观的记忆。

其二，要坚持遗产的人本主义理念。在颐和园项目修缮历程中，兴中兴公司按照“遗产多重价值”的认知实践，在遗产保护设计中坚持以人为本。我在实践中不断领悟到，无论是国内还是国外，遗产保护都正经历着从“以物为本”向“以人为本”的转化。如 2019 年联合国教科文组织世界遗产委员会决定，将“基于人权的文化遗产保护”理念纳入《世界遗产公约操作指南》中，以突出遗产保护与人的关联。国家文物局先后印发《文物建筑开放导则》和《大遗址利用导则（试行）》等规定，前者是让文物活在当下，为社会提供多样化的公共文化服务；后者则明确要遵循“保护第一、服务社会民生”的原则。我理解，人是文化遗产的创作者、拥有者，更是遗产的传承者、享用者，无论是作为城市居民，还是作为兴中兴公司的建设者，对遗产的认知程度直

四大部洲修缮前赴承德考察留影

2014 年 APEC 接待任务休息室、卫生间改造工程专家评审会

接决定着对颐和园世界遗产的修缮保护的成效。国际古迹遗址理事会专家、世界遗产研究院院长古恪里曾表示，保护文化遗产最重要的是要在当地人心目中树立起对古迹、对文化遗产的全面认识，了解它们对一个城市的意义（含历史纪念意义、文化与经济意义等），唯有这样，才能让当地人对遗产充满感情，这是以人为本面向社会的遗产理念。

我还认为，以人为本的遗产观，除兑现遗产价值，体现人民群众对美好生活的向往外，转变思想观念活化遗产内涵尤其必要。我赞同某位遗产大家的话："遗产本质上是一种制造意义上的文化生产过程"，其意在强调文化是有发展规律的，任何时代的文化总是在发展中不断充实、完善和进步的，要在发展中不断创造生机、活力和魅力。从颐和园建筑与景观修缮角度看，没有任何一个项目能够以其诞生时的"原貌"及"原质"而永存于世，有史可查，它们都经历过多次重葺，其建筑形制发生变化是正常的。珍视并敬畏传统，不可抱残守缺，更不要言必古人，艺必古典。时代已经不允许我们只躺在历史巨匠成果上坐享其成。事实上，兴中兴公司对颐和园诸多项目的修缮，无论是加固性修复、修补性修复、复原性修复、重建性修复，还是适应性再利用等，都努力不同程度地赋予其新内容，是体现以人为本的实证。

其三，要坚持遗产的国际视野。颐和园是世界遗产，它令国内外瞩目，其每个项目的修缮要力求做到国际化。兴中兴公司一直立志于使自己的成果让世界同行认同。面对全球各国依然高涨的“申遗”热，已是世界遗产的项目及属地城市显然已成一张“名片”，成为所在国家的自豪。承认世界遗产的成就，推动文化遗产的多样性，关注文化遗产的可持续发展，普及遗产属于全人类的观念等均具有里程碑意义。结合颐和园修缮为首都文化城市建设所做出的贡献，兴中兴公司建筑师、遗产师及文博专家都肩负着相应的责任，对此，我们至少有以下两点体会。

首先，我们的修缮项目如何为遗产旅游及城市经济建设服务。联合国教科文组织已成功将世界遗产作为“品牌”，让缔约国以其身份标签开展文旅活动，这涉及遗产地工程建设、遗产与在地社区的协调发展，若在开发旅游时未能对世界遗产进行全面合理的呵护，将会造成不可逆转的破坏与损失。对此，兴中兴公司一直予以高度重视，每个项目的设计与营造慎之又慎，没有依据的变动绝对不可实施。其次，上面我已经提及遗产保护要坚持以人为本的路径，其要点是要重视社

养云轩前留影

办公室合影

区。2017 年第 41 届世界遗产委员会会议已经提议设立“世界遗产国际原住民论坛”。2018 年，联合国教科文组织通过了原住民权利的政策，核心是强调社区参与是世界遗产活化应特别关注的命题，也许这是以人为本遗产观念落实的关键。世界遗产颐和园若要演绎成一种文化符号、一种文化地标、一种文化品牌，离不开建设项目的铺垫。但颐和园建筑景观遗产重在转化为文化创意资本，这方面到位的项目修缮会吸引更多的公众。我认为，这些年的努力耕耘与奉献，在锻炼队伍的同时，也为三山五园的颐和园的文化复兴呈现了更多的美好。确实，为此我付出了很多，也由衷地感到愉快。

《中国建筑文化遗产》编辑部苗淼、金磊
据对刘若梅会长的采访编辑整理

专家评介
有理念、有成果、有经验的团队

耿刘同

2001年，我62岁从颐和园退休，此后并没有过上休闲的生活，反而比上班的时候还忙。因为我在颐和园及古建园林界工作的经验还算丰富，涉猎范围也比较广，因此大家经常请我去出席会议，讲一讲文物、古建、园林等方面的事情。

今年，刘若梅女士领导的北京兴中兴建筑设计有限公司成立40周年，并借此契机出版《营建与技艺——世界文化遗产颐和园》一书，邀我写篇短文，主要介绍我在担任颐和园管理处总工程师期间对颐和园古建园林保护的理念与实践，特别是20世纪80年代开始多次与兴中兴公司合作颐和园复建、修缮和研究保护项目的情况。现在回忆这近40年的往事，印象还是十分深刻的，因此也愿意写下一些文字，一方面表达对刘若梅女士及其团队在遗产保护事业上所做出的贡献的祝贺，另一方面也希望就国内古建园林的保护与发展课题发表一些感言。

2012年，我曾主编了《公园古建修缮》一书，其中关于古建的保护、修缮理念我谈了很多普遍性和规律性的意见及观点。在颐和园工作的数十年中，通过与兴中兴公司的合作，我认为从一定层面上实现了从理论到实践的验证，也通过实践完成了对理论的辩证。比较典型的案例是，我们该如何认识故宫和颐和园在古建园林上的区别，对此很多人都混淆不清。故宫的古建是制度化的，颐和园的古建并非制度化的，

刘若梅、金磊共同采访原颐和园总工程师耿刘同先生

而是以文化为主导，它作为一座皇家园林，积淀了中国两千多年皇家园林兴建的历史文化。世界文化遗产组织在将其列入《世界遗产名录》时曾对颐和园有“以颐和园为代表的中国皇家园林，是世界几大文明之一的有力象征”这样的高度评价。立足于可持续发展永续利用的原则，自 20 世纪 80 年代以来，在兴中兴公司等团队与颐和园的密切配合下，古建维修基本进入周期性保养的良性循环，摆脱了抢险性的大修过程。在国家文物部门的批准和专家充分论证指导下，我看到以兴中兴公司为主先后完成了景明楼、四大部洲、澹宁堂等一批遗址的修复与复建项目，不但使颐和园园容更加完整，而且在实施过程中还特别留意传统工艺的保留与传承，既积累了复建工程从设计到施工的经验，也积蓄了一批谙熟传统工艺的工匠，成为世界遗产颐和园及园林古建的技术及人员储备。

《中国建筑文化遗产》编辑部及兴中兴公司同人与耿刘同先生合影

我认为，兴中兴公司作为有着40年历史的北京古建园林的生力军，它确实为世界遗产的保护修缮做出了贡献，仅对颐和园的保护修缮，就立下了汗马功劳。在与刘若梅女士及团队的交流中，我感觉兴中兴公司不同于一般的古建园林公司之处，除了在于具备设计与施工的全链条服务能力，更在于有着来自中国文物学会的指导与帮衬，所以，那是一支有理念、有实践、有成果、有经验的团队，更是一个充满责任感与善心的团队，这是兴中兴公司近40年来能够服务颐和园古建园林修缮事业的关键，所以我很赞赏兴中兴公司。

专家评介

承前贤，启后新

——我眼中的文物好人刘若梅

张龙

刘总和我的老师王其亨教授年龄接近，两人因文物学会相识，又都和罗哲文、谢辰生、郑孝燮、傅连兴等先生熟稔，他们之间相互了解，也相互认同，在关键时刻更是相互支持！

我1998年进入天津大学学习建筑设计，2003年初跟随先生做毕业设计，正赶上北海琼岛延楼古建筑群修缮，现场调研工作刚结束，考研分数线如期公布，我和凤梧如愿拜入先生门下。“非典”不期而遇，毕设安排的皇家园林考察计划一直被拖到了期末。考察颐和园那天，凤梧、李峥被安排去国家图书馆“扫雷”（扫描样式雷图档），我则抱着周维权先生编著的《颐和园》一书和毕设小组的其他同学跟随庄

张龙与刘若梅在德和园工作交流

岳老师在颐和园遨游探秘。这次与颐和园的亲密接触，无意中决定了我的选题方向。当时先生计划安排样式雷图档的园林个案研究，西苑、颐和园、圆明园三处图档最多，李峥因提前保研，早已被指定做北海个案研究，我则因这次考察而与颐和园结缘，研究圆明园的机会最后花落凤梧。确定颐和园的选题后，为熟悉相关样式图档所描绘的对象，我系统调查了颐和园的每一组建筑、遗址，在此期间了解到清华大学徐伯安先生主持了四大部洲、苏州街、澹宁堂的复建设计，兴中兴刘若梅老师主持了景明楼的复建设计，这也是我第一次听说刘总的大名。读研究生期间（2003—2009 年），我配合先生与研究所的老师们一起组织了 2005、2006、2007 年的颐和园古建筑测绘，参与了颐和园两规的编制、治镜阁的复原设计、清外务部公所修缮设计工作，这些工作不仅为我的课题调研提供了极大的便利，相关成果也为后续研究奠定了坚实的基础。在规划、设计项目的论证中，我认识了罗哲文、郑孝燮、郭旃、张之平、付清远、王立平、张树林、刘秀晨、耿刘同等古建园林专家，也多次听到专家与颐和园的领导提起兴中兴与刘总的大名，但真正认识刘老师是在我留校工作之后。

2009 年，舒乙先生提出应保护和修复北京涉及西藏的历史文物，这一提议得到国家与北京市的高度重视。颐和园涉藏建筑群四大部洲、须弥灵境的修缮与复建工作也被提上日程。鉴于我们前期测绘、研究与两规工作的积累，颐和园计划由我们承担前期研究与复原设计工作。同时，颐和园建议由在颐和园有复建落地经验的兴中兴公司负责施工图设计与现场服务。我和刘总就这样正式认识了。刘总是共和国的同龄人，比我母亲还要长 5 岁，她作为资深文保前辈和企业的老总，亲自和我沟通梳理设计内容、工作流程以及双方的具体分工与合作方式。考虑这个项目与教学、科研的结合，刘总在经费分配、署名权等关键问题上充分尊重我的诉求，很快就在颐和园建设部领导的见证下签署了合作意向书。相关研究设计的前期工作也旋即开始。在前期设计阶段，刘总时刻关注工作进展，派人全程参与，其间还邀请胥蜀辉老师为复原方案把关，后来才知道，除了胥老师，罗哲文、谢辰生、王仲桀、庞树义、孙永林等老专家都是刘总长期聘请的专家，为相关项目提供理念与技术指导。刘总尊重老专家，像对待自己的家人一样，关心他们的饮食起居，在园林古建保护圈内有口皆碑。在刘总的关注下，须弥灵境的方案经过多次专家论证，最终确定了须弥灵境大殿遗址恢复到台明展示，东西配楼、牌楼复建的设计策略。为及时向同行公布我们的合作研究成果与参数化的复原方法，刘总鼓励我把研究成果写成《颐和园须弥灵境大殿复原研究》在 2012 年中国文物学会传统建筑园林委员会第十八届年会上分享。设计方案经历了漫长的审批过程，直到 2019 年才获得国家文物局的正式立项批复，由于招标代理公司失误，沿用了不允许联合体的条例，最后只能由负责施工图设计的兴中兴公司中标。虽时隔多年，刘总依然坚守当年的合作协议，与我们补签了合作设计合同，不仅将之前约定的经费按比例支付，而且在项目竣工后，授权天津大学建筑设计规划研究总院有限公司为第一完成单位，我作为第一完成人，与颐和园合作出版了《颐和园德和园大修实录》，申报了相关设计奖项。在填写兴中兴公司这边的参与人员时，刘总把荣誉也都留给了年轻人，把团队中的张玉、王木子等年轻同志排在前面，却未将自己列在报奖名单中。2023 年，该项目获得了中国风景园林学会优秀规划设计一等奖和教育部优秀勘察设计三等奖，这

《颐和园须弥灵境建筑群修缮工程大修实录》封面

《颐和园德和园大修实录》封面

张龙、刘若梅、李木子在颐和园交流

为我们须弥灵境的合作画上了圆满的句号。除了须弥灵境项目的深度合作外，我们在德和园、谐趣园、画中游等修缮项目上也曾相互配合，这些修缮项目的基础图纸都是我们的测绘成果。测绘期间，刘总也会根据我们的需要，安排人协助我们对常规测绘无法看到的隐蔽部位进行补充测量，持续完善测绘图纸，最后一起配合颐和园管理处出版了《颐和园德和园大修实录》《颐和园谐趣园大修实录》《颐和园画中游建筑群修缮工程大修实录》。

还有一事，也是刘总关心建筑史学研究、支持建筑教育、甘为年轻人成长让路的体现。按照王其亨先生的布局，留校的老师每人负责一个或几个皇家园林，科研与实践相互结合。我主要负责颐和园，凤梧主要负责圆明园、北海、景山。2017 年，北海漪澜堂修缮项目启动，这也是 2003 年我们毕业设计项目的延续。之前，刘总也在关注这个项目，并提前开展了相关勘察工作。考虑到这个项目的连续性和研究性，王其亨先生与刘总通了电话，讲了这个项目和教学、科研，尤其是年轻教师培养的关系，刘总慷慨退出，成天津大学之美。

在我和刘总的交往中，听到的、看到的是她为文物保护事业的奔波，是对专家的尊重、关照，是对年轻人的鼓励与支持！承前贤，启后新，这是我对文保专家刘大姐的认识。

北京兴中兴建筑设计有限公司
颐和园经典设计项目

颐和园景明楼复建工程

1991 年景明楼复建设计，1992 年竣工。景明楼复建工程被北京市园林局评为 1992 年优秀工程。

景明楼位于颐和园西堤练桥和柳桥之间，始建于 1750 年，由主楼和两座配楼组成。“景明”源自宋朝文学家范仲淹《岳阳楼记》中“至若春和景明，波澜不惊，上下天光，一碧万顷”的描述。景明楼两边湖水碧波荡漾，视野开阔，是当年帝后们游乐、观鱼、赏景的最佳景点之一。1860 年，景明楼被英法联军烧毁，1992 年复建。

颐和园景明楼

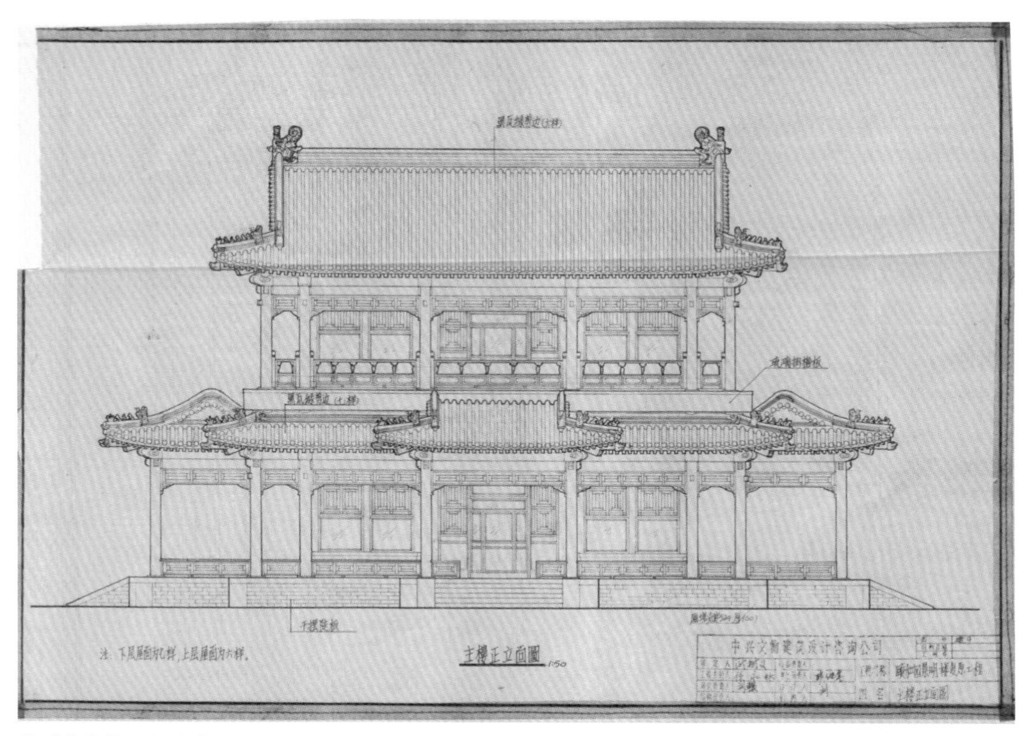

景明楼主楼正立面图纸

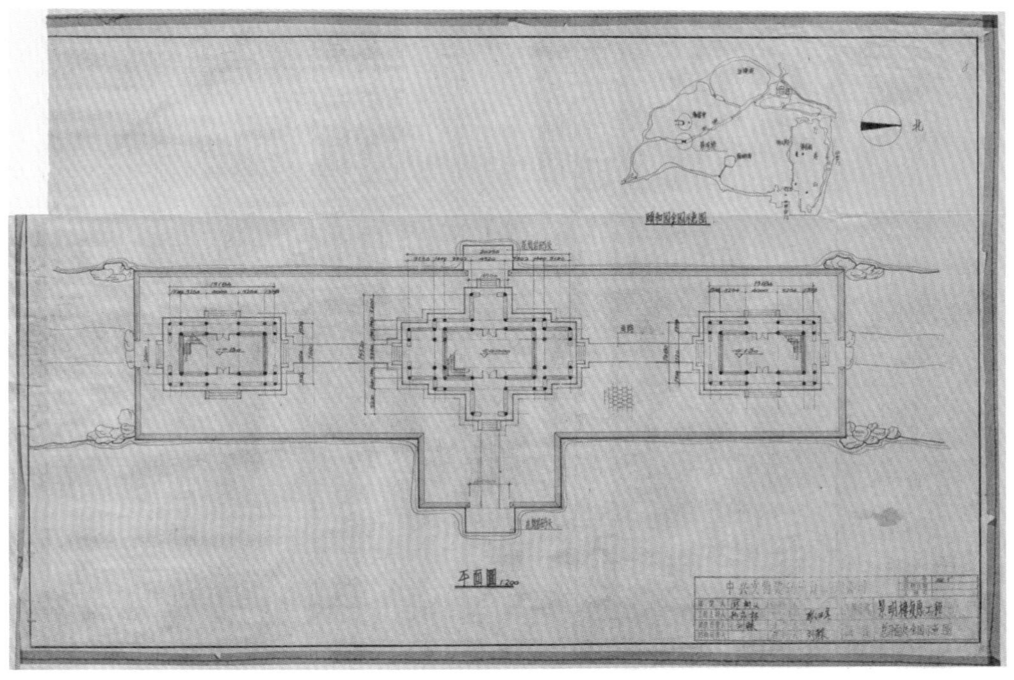

景明楼总平面图纸

景明楼侧视图

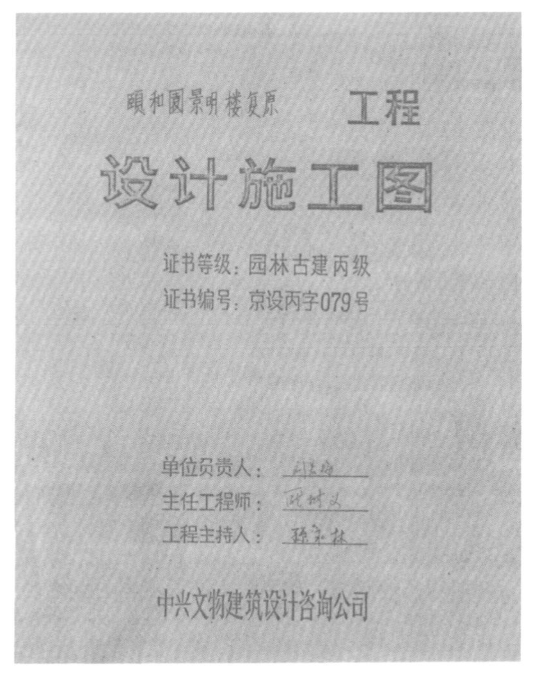

颐和园景明楼复原 工程

设计施工图

证书等级：园林古建丙级

证书编号：京设丙字079号

单位负责人：

主任工程师：

工程主持人：

中兴文物建筑设计咨询公司

颐和园景明楼复原工程设计施工图封面

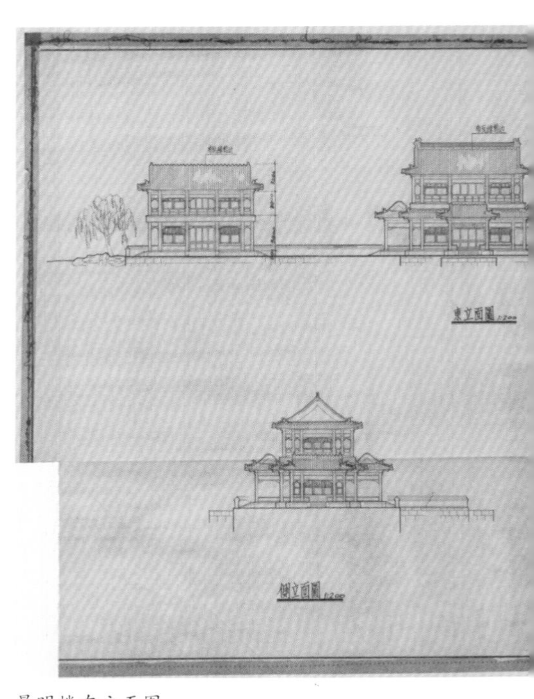

景明楼东立面图

景明楼全景

景明楼屋脊细部

景明楼细部

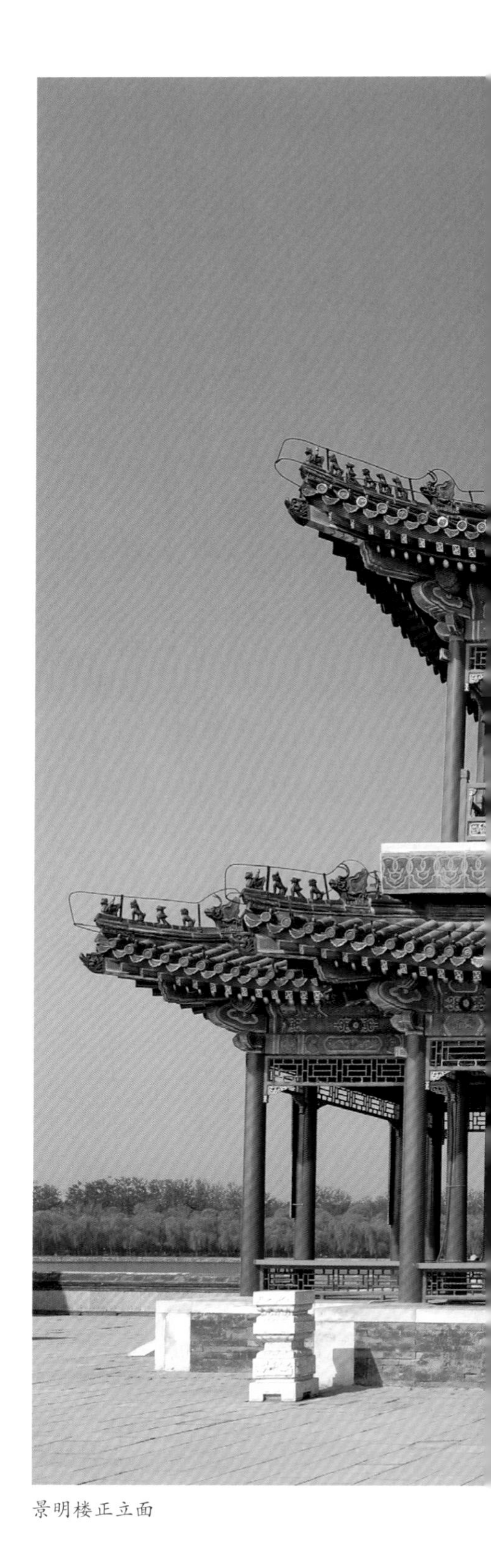

景明楼正立面

景明樓
水態嵐光
綠柳紅桃風拂柔
汀蘭岸芷晴舒暖

景明楼东南侧

景明楼南侧配楼

颐和园澹宁堂复原工程

1995 年复原设计。

澹宁堂是颐和园后溪河旁的临水建筑群，其原型澹宁居是康熙在畅春园赐给后来的乾隆皇帝的一处书屋。澹宁居毁于火灾后，乾隆仿其原貌重建澹宁堂。1860 年，畅春园遭英法联军入侵，澹宁堂毁于火灾之中，现建筑为 1996 年在原址重建。

澹宁堂前后两进，前进主殿云绘轩面阔五间，两侧耳房各三间，东西厢房各五间，西厢房内设清朝家具展，后进依山就势而建，其中建筑向北，主体建筑澹宁堂高两层，背面与云绘轩相连，面阔十一间，东西两侧各连接五间配殿。后院二层楼的中间部分一层是“澹宁堂”，门上的匾额楹联选自乾隆御诗《澹泊宁静》之“青山本来宁静体，绿水如斯澹宁容”诗句。二层是“夕霭朝岚”，楹联是“动趣后阶临水白，静机前户对山青”。

澹宁门内

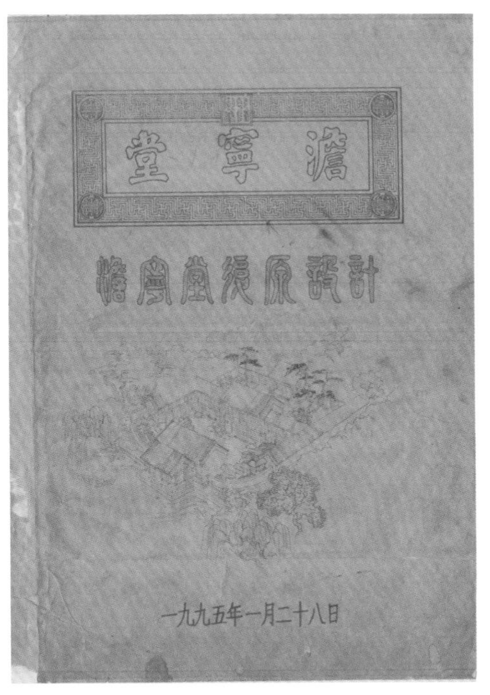

澹宁堂设计图封面

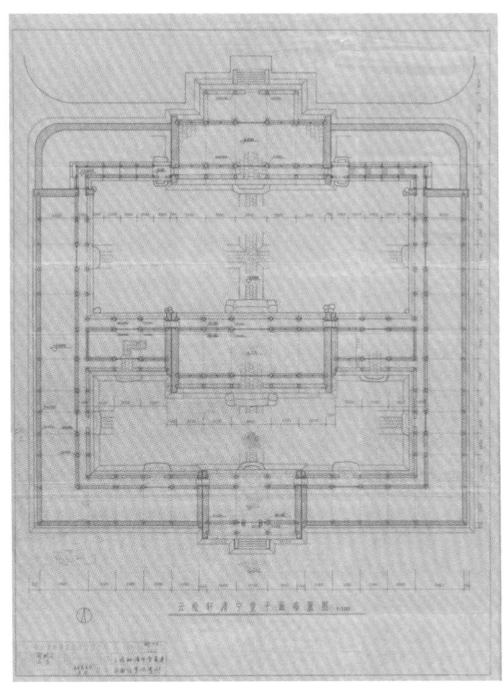

澹宁堂平面图

澹宁门

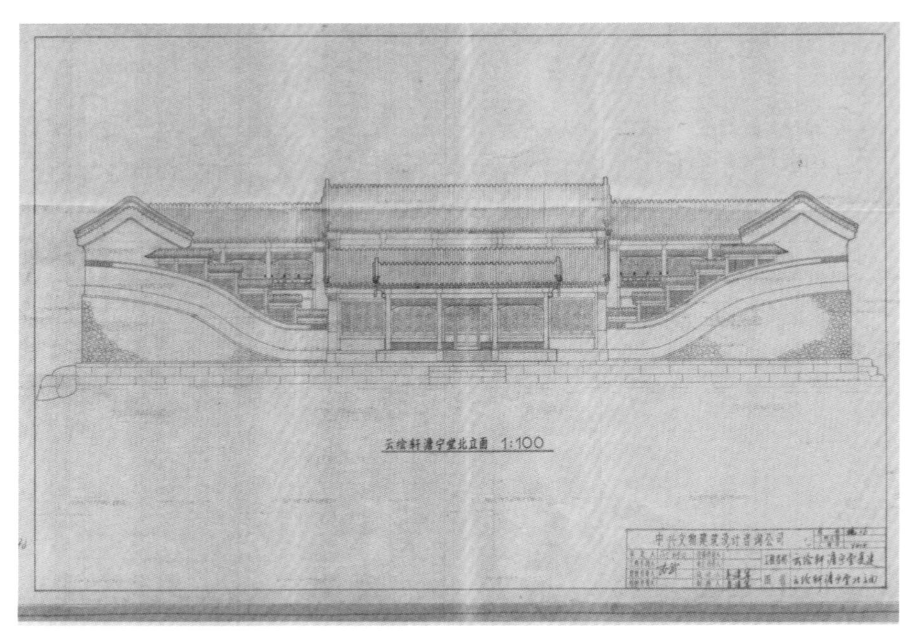

云绘轩澹宁堂北立面

云绘轩全景

云绘轩侧视

云绘轩正门

廊

跌落廊

随安室

廊心画

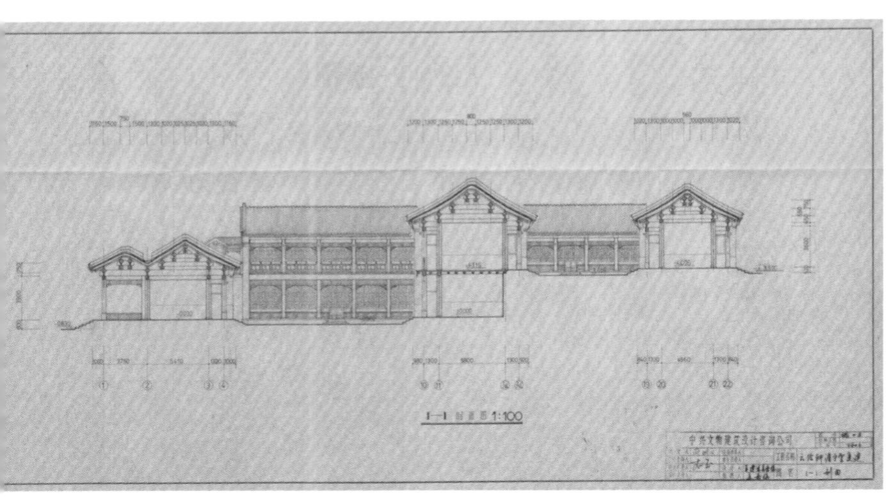

澹宁堂剖面图

澹宁堂大门

澹宁堂侧视图

夕靄朝嵐
青山本來寧靜體

云绘轩水景

跌落廊内侧

跌落廊外侧

颐和园大船坞、小船坞修缮工程

2002 年修缮工程竣工。

大船坞位于颐和园万寿山西麓，小苏州河以北，为皇家泊船之所。乾隆修建清漪园时便在园中建起一座船坞，它宽 18 米，距水面 7 米，进深 50 米，跨度超过了故宫的三大殿，当时皇家最大的游船“昆明喜龙号”就停泊在这里。1860 年，这座船坞被英法联军焚毁。后来，慈禧在清漪园原址修建颐和园，除复建原有船坞外，还在旁边新建了两

船坞全景

座小船坞。

作为国内现存面积最大、保存最完好的船坞建筑，颐和园大船坞堪称园中一宝。但历经百年风雨，这座船坞已经残破不堪。此次修葺，施工人员将挑开大船坞屋顶，更换因漏雨而腐朽的木椽；将已经歪闪的梁柱进行打光拨正，并用铁箍加固；将屋顶及四壁的彩画重新油饰，将三座船坞的六扇水门全部配齐。

船坞南立面

船坞东南侧

船坞西南侧视图

船坞内景

颐和园谐趣园修缮工程

2007—2008 年修缮设计，2009 年竣工验收。经北京市规划委员会评选，谐趣园修缮工程在北京市第十六届优秀工程设计评选中获“历史文化名城保护建筑设计优秀奖”。建筑面积为 2226.19 平方米。

万寿山东麓的园中之园谐趣园，原名惠山园，始建于乾隆十六年（1751 年），是乾隆皇帝南巡时，看中了江苏无锡惠山脚下的寄畅园，仿其意而建的，自然保留了江南园林的灵秀之气。“园门西向，门内池数亩，池东为载时堂，其北为墨妙轩。园池西为就云楼，稍南为澹碧斋。池南折而东为水乐亭，为知鱼桥。就云楼之东为寻诗径，径侧

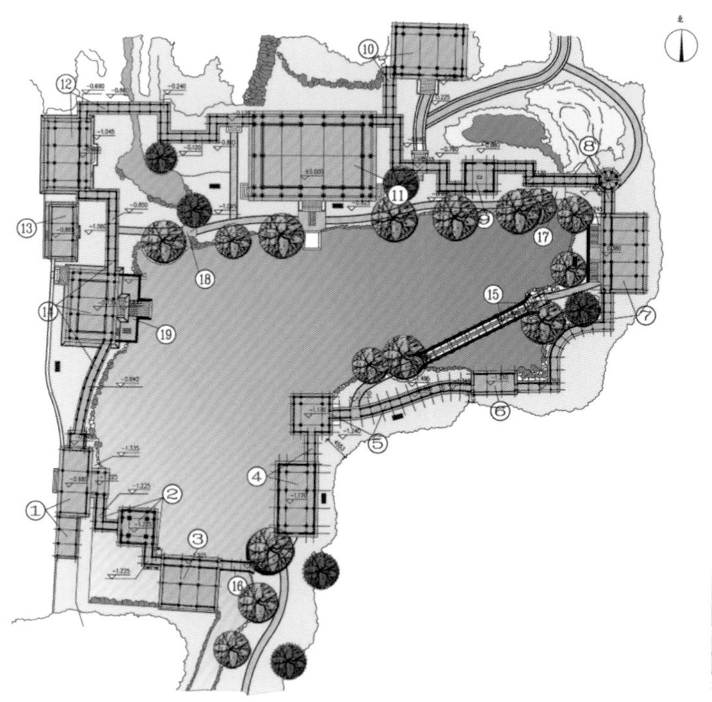

谐趣园总平面图

颐和园谐趣园剖面图

谐趣园兰亭及游廊

为涵光洞，迤北为霁清轩，轩后有石峡。”（《日下旧闻考》卷 84）乾隆拟定惠山园八景：一为供读书的载时堂；二为可赏字的墨妙轩壁间石刻三希堂续摹；三为观云气的就云楼；四为俯览荷池的澹碧斋；五为静听水音的水乐亭；六为可观鱼乐的知鱼桥；七为苔径缭曲，护以石栏，可“点笔提诗” 的寻诗径；八为以假石构成仙窟的涵光洞。一堂、一轩、一楼、一斋、一亭、一桥、一洞加以曲水成径，以石包山、

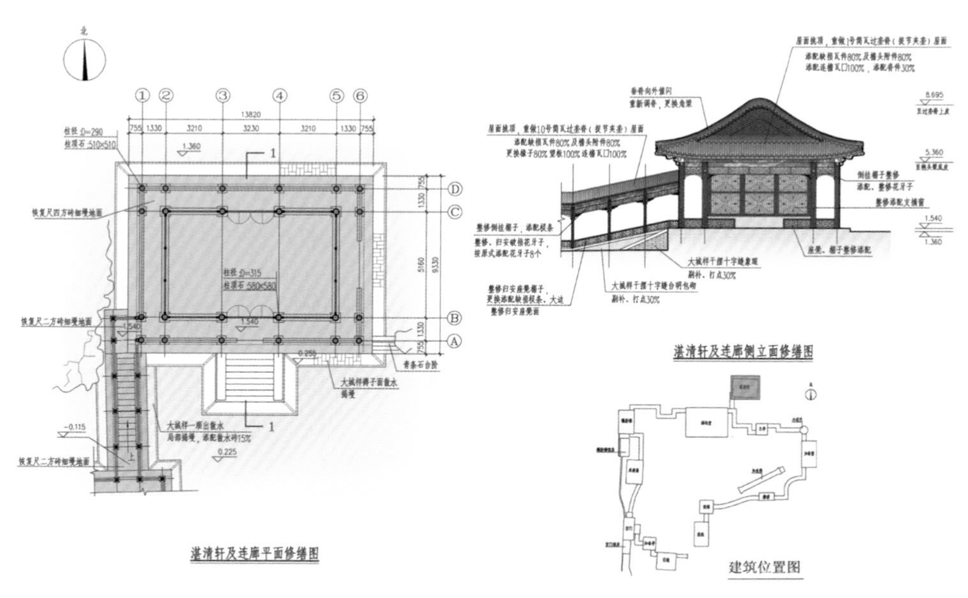

湛清轩及连廊修缮图

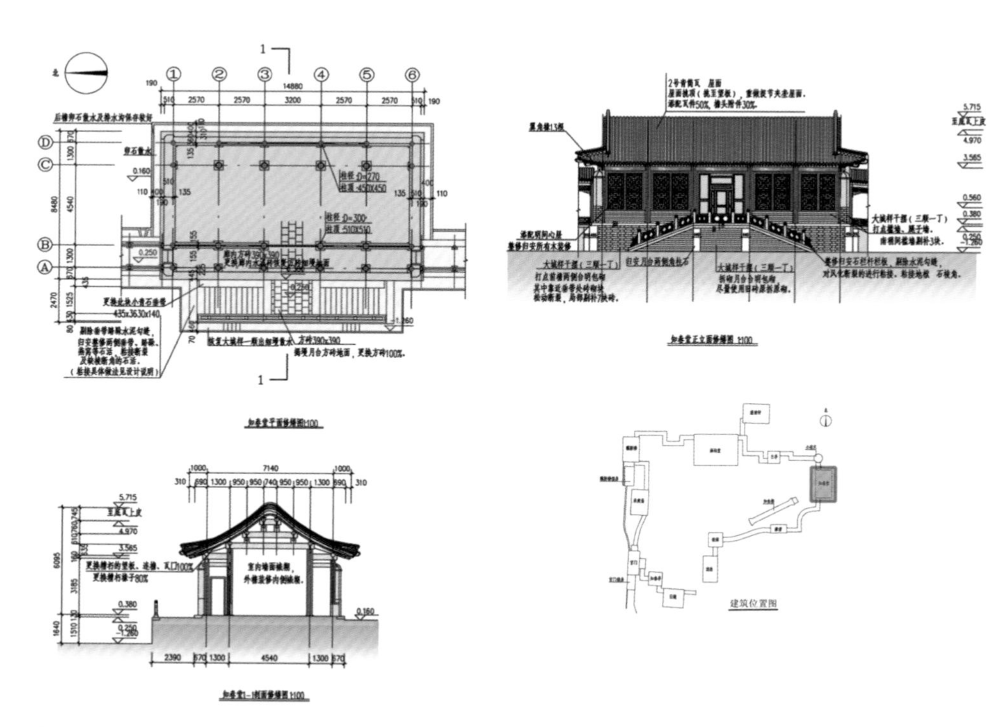

知春堂修缮图

造洞，造成园中八景各谐奇趣。嘉庆十六年（1811 年），改建此园，添建涵远堂，将载时堂更名为“知春堂”，墨妙轩改建“湛清轩”，就云楼改名为“瞩新楼”，澹碧斋改名为“澄爽斋”，水乐亭改名为“饮绿亭”，另建澹碧敞厅。取乾隆《惠山园八景诗序》中“一亭一径，足谐奇趣”之意，园名变更为“谐趣园”。嘉庆皇帝写下了《谐趣园记》，文中有“以物外之静趣，谐寸田之中和”句，点明了谐趣园突出“静”的建筑主题。光绪十七年（1891 年），慈禧太后重建谐趣园

小有天

洗秋轩、饮绿亭

时，在宫门内增建了知春亭和亭东面的小轩“引镜”，又以曲廊百间，将五处轩堂、七座亭榭联为一体，并将池岸改为规则形。慈禧驻园时，经常至此钓鱼游乐。

此次谐趣园修缮范围北至霁清轩南墙，南至船坞北围墙，占地面积约 1.5 万平方米，其中水面面积约 3900 平方米，约占全园占地面积的四分之一。建筑大小共 15 栋，游廊 115 间，桥 4 座，总建筑面积为 2226.19 平方米，约占全园的七分之一。

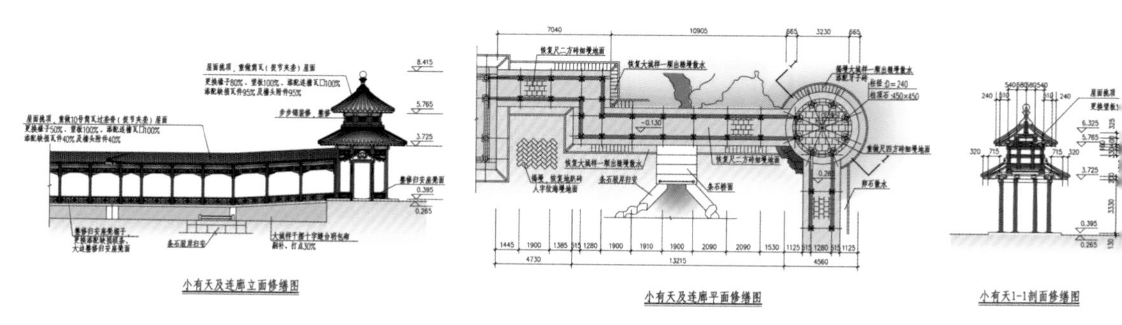

小有天及连廊修缮图

雪景

连廊

颐和园谐趣园剖面图

知春亭

游廊

宫门内

饮绿亭

游廊荷景

谐趣园全景

秋日湛清轩

饮绿亭、洗秋轩雪景

斜阳下的游廊

涵远堂

谐趣园夜景

盛夏的小有天

游廊光影

游廊夜景

洗秋轩

游廊小品

隔岸观饮绿亭、洗秋轩

颐和园德和园修缮工程

2009—2010 年修缮设计，2012 年 12 月竣工验收。建筑面积为 3940.4 平方米。

德和园就是颐和园时期在清漪园的怡春堂遗址上修建的建筑之一。它位于仁寿殿的西北侧，为万寿山东麓一组相对独立的院落。建筑群始建于光绪十七年（1891 年），是一组大型的宫廷戏园建筑，以院落围墙为界，南至德和园广亮大门，北至垂花门，东西以建筑后檐墙和屏门为界，东西方向宽约 55 米，南北纵深约 108 米，总占地面积约 5940 平方米，建筑面积约 3940.4 平方米。院落内地面 2755.4 平方米。在修建过程中，因财力不足，总体造园水平较之清漪园时期的建筑有所逊色。

德和园建筑群共包括前后 4 进院落，共有建筑 24 座以及附属建筑 8 座。第一进院落包括德和园的大门、东西南裙房三座建筑，以及木影壁和一进院东西角门三座附属建筑。第二进院落包括大戏楼、颐乐殿以及东西转角廊七座建筑，以及东西屏门、颐乐殿东西角门四座

德和园建筑群剖面图

大戏楼

附属建筑。第三进院落包括庆善堂、庆善堂东西亭、庆善堂东西平台房、庆善堂东西配殿、庆善堂东西值房，庆善堂东西配殿北侧连廊，共十一座建筑。德和园建筑群的第四进院落，即德和园的后院，院落包括东西配殿、垂花门三座建筑，以及东北、西北角门两座附属建筑。

大戏楼正立面

大戏楼位于第二进院落中路，是一组集表演、扮装、舞美、音效等于一体的结构复杂、功能完备的大型木结构建筑，同时也是德和园的主要建筑之一。建筑坐南朝北，由上、中、下三层戏台及扮戏楼组合而成，总高度达 21 米，屋面形式为卷棚歇山式顶，其中下层的主戏台宽 17 米，进深 16 米，檐柱高 4.48 米。坐落在高达 1.2 米的台明之上，戏台后部有一座三开间的仙楼。仙楼通过仙桥与戏台相连，不但满足了戏剧表演的需要，同时丰富了舞台的空间层次，并增强了舞台的效果。在戏台的木地板之下，台明范围内暗藏着一层高 2.1 米的半地下空间。出入口在南侧，通过石台阶直接到达扮戏楼一层室内。在戏台东西两

大戏楼侧视

裙房

侧的台帮处各有三个雕花的通透饰件，用以满足通风透气、采光和音效的需要。在空间内，居中有一口深达数米的砖砌水井。在其东、西、北三面还分布着五个带竖井的水池和滑车，配合戏台中层夹层和上层的滑车。在演出时，根据不同的剧情，开启戏台的活动地板，通过滑车可以上下配合，表演在水法、戏法的大切末戏，也可以借水音增加演唱的共鸣效果。目前，戏楼除一层戏台及扮戏楼一层作为日常表演

匾额

颐乐殿

颐乐殿正门

和展厅使用外，其余空间均闲置。其中，扮戏楼一层增加了天花吊顶，将原处于展室中央部位南北向的楼梯拆除，改为北边两旁东西向楼梯，以满足展室的要求。通往地下空间的出入口也被堵死，室内地面砖破损严重。二层以上的木地板及木制盖板因年久失修变形较为严重。外檐木装修变形损坏较为严重。上下架地仗、油饰、彩画空鼓、开裂，部分梁架开裂、拔榫，屋面已改为裹垄，瓦件破损较为普遍，天沟及窝角沟有漏雨现象。

裙房细部

庆善堂

看戏廊

看戏廊空间布局

看戏廊侧视

大门外景

大戏楼侧视

大戏楼背面

颐乐殿耳房及附属平台房

颐和园四大部洲修缮工程

2010—2011 年修缮设计，2011 年 10 月竣工验收。建筑面积为 2055 平方米。

四大部洲建筑群位于颐和园万寿山后山中部，是一组庞大的藏传佛教建筑群，由香岩宗印之阁、四大部洲等主要建筑组成，呈“丁”字形平面，沿山坡的纵深自北向南逐层台地叠起。关于该建筑群修建的具体年代，根据中国第一历史档案馆保存的内务府奏折、“用过苏拉数目清单”以及乾隆《御制诗集》中的一些诗文题咏推断大约是在乾隆二十三年（1758 年）在承德普宁寺工程之后动工。根据档案、文献记载，四大部洲建筑群仿西藏桑耶寺建造。建筑群按照佛经中的大

须弥灵境、四大部洲建筑群复建效果

须弥灵境大殿遗址

千世界布局：以居中略偏于北的“香岩宗印之阁”为中心，分别在若干层台地上随坡就势地环绕布置着许多藏式红台、白台——四大部洲及八小部洲，以及四座藏传佛塔。

咸丰十年（1860 年），清漪园遭到英法联军焚毁，四大部洲建筑群亦未能幸免，全部木构建筑物均荡然无存，只剩下砖石结构的塔台。

琉璃屋顶

北俱芦洲 1

北俱芦洲 2

西牛贺州

南瞻部洲

须弥灵境、四大部洲建筑群复建效果图

四大部洲建筑群

须弥灵境、四大部洲建筑群

光绪十四年（1888 年），为收藏大延寿报恩寺佛像，香岩宗印之阁原址重建，改为单层佛殿，南赡部洲改建为山门殿，其他建筑均未复原。1980—1983 年修缮香岩宗印之阁和山门，复建其他三大部洲、八小部洲和四座藏传佛塔，主体均为混凝土结构。修缮后的四大部洲建筑群

琉璃屋面

日殿、月殿

月殿

基本恢复了原有的建筑形式和规模并保存至今。

四大部洲建筑群总占地面积约 11050 平方米，以香岩宗印之阁为中心，东西至两侧跌落院墙（包括泄水沟），南至智慧海布瓦围墙，北至山门殿北侧台基，包括四大部洲、八小部洲、日月台等 21 座建筑，建造于高低错落的五层台地之上，南北长 85 米，东西宽 130 米，总建筑面积约 2055 平方米，院落地面总面积约 5160 平方米。

香岩宗印之阁

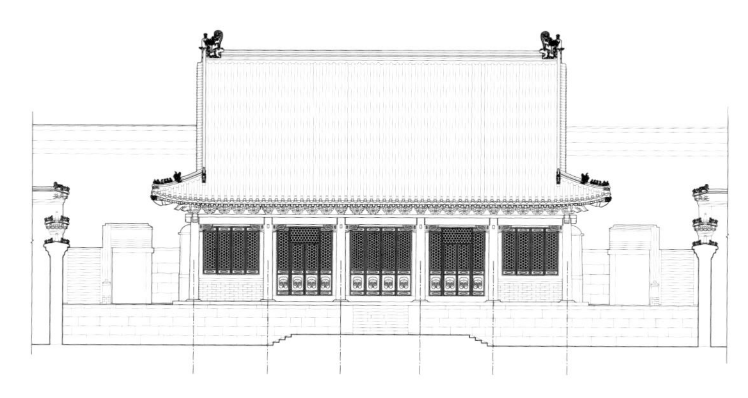

四大部洲香岩宗印之阁正立面

由颐和园遥望城市天际线

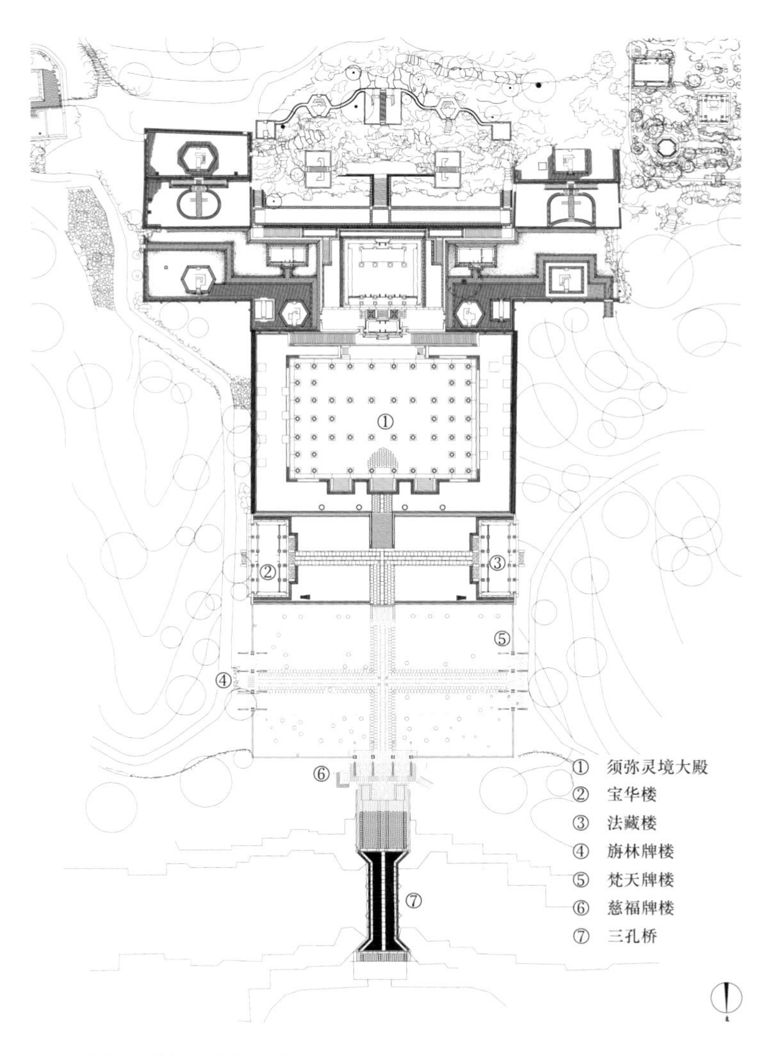

须弥灵境建筑群复原总平面图

仰视日殿、月殿

大墙

慧海

智慧海门头细部

七小部洲

南瞻部洲

白塔

颐和园清晏舫修缮工程

2011—2012 年修缮设计，2013 年 10 月竣工验收。建筑面积为 326.2 平方米。

清晏舫位于寄澜堂西北侧，昆明湖的西北角，始建于乾隆年间，原名“石舫”。造型仿自江南园林中的“舫”式建筑，全长 36 米，船体用巨大的石块雕砌而成，上建有中国传统式样的木构舱楼，分前、中、后舱，后舱为两层。光绪十九年（1893 年）重修时，将中式舱楼改建成西洋式的舱楼，更名为“清晏舫”。清晏舫南北向坐落，船头向北，船尾高翘。舫上洋式楼房，绘有西洋彩画，共两层，建筑面积为 326.2

清晏舫西立面

平方米。南、北各接抱厦一间。北面船头抱厦二层处为平台，船尾抱厦通两层。一层南四间和二层北四间有彩色花玻璃窗，其余为拱形窗。二层坐凳外侧有美人靠。1860 年，英法联军将舫上楼阁烧毁。1893 年重建时，仿翔凤火轮式样，改为西洋式楼阁并配以彩色玻璃窗，船侧加了两个机轮，取“河清海晏”之意，名“清晏舫”。两层船舫各有

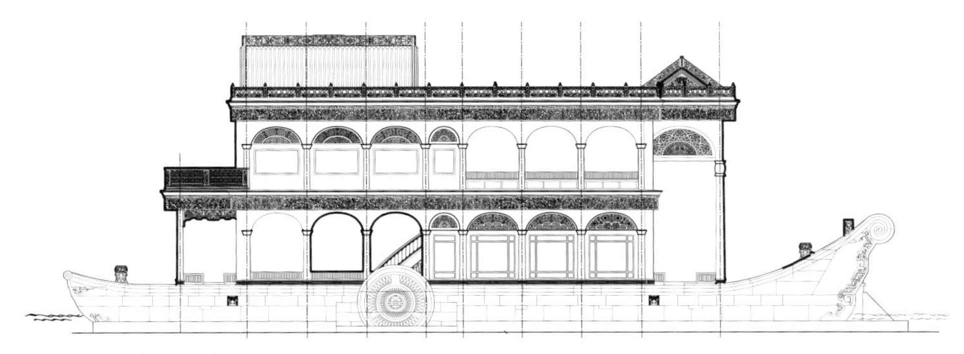

清晏舫立面图

清晏舫南立面

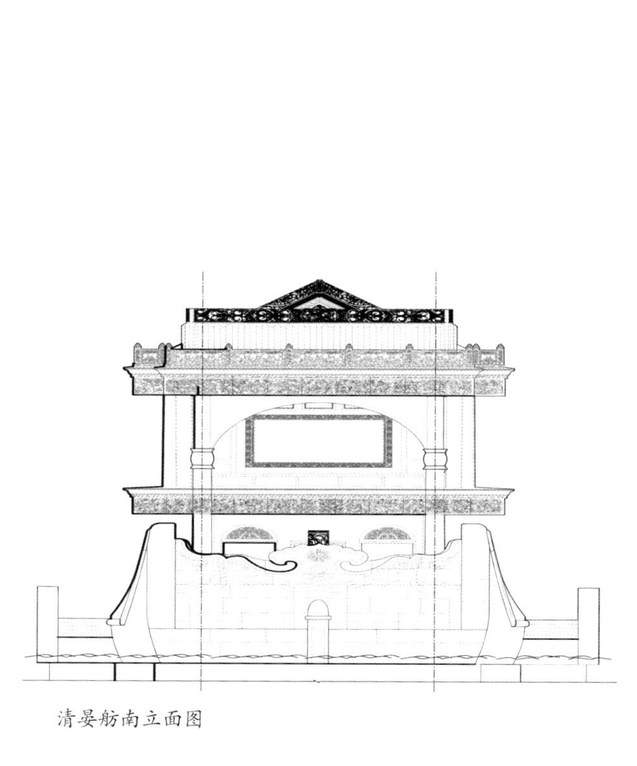

清晏舫南立面图

清晏舫南立面

清晏舫内彩色玻璃

清晏舫南立面

清晏舫东立面

大镜，细雨蒙蒙之时，慈禧坐在镜前，一面品茗，一面欣赏镜中雨景。船体突出四个水龙头，每当下大雨时，楼顶雨水从四角的空心柱流下，由龙口吐出，景色壮观。此处原是明代园静寺的放生台，乾隆时改为船形后，每年四月初八浴佛日，乾隆皇帝仍陪其生母孝圣宪皇太后在此放生。

目前，从整体外观看，清晏舫基本稳定。但因其所采用的是暗排水方式，且现在的暗排水已排水不畅，直接导致与排水管相邻的木柱、木楼板等木构件糟朽。而且，二层屋面现在也已出现漏雨现象，致使舫身存在一定的安全隐患。清晏舫所特有的彩色花玻璃窗现大部分存在鼓闪现象，局部已残损，较为危险。综上所述，清晏舫现虽整体外观基本稳定，但存在着一定的安全隐患，应尽快排除安全隐患，使清晏舫恢复建筑安全状态。

细部装饰

清晏舫西侧

清晏舫南侧

清晏舫北立面

颐和园南湖岛修缮工程

2012—2013 年修缮设计，2014 年 11 月竣工验收。建筑面积为 2057 平方米。

南湖岛因位于昆明湖南部而得名。南湖岛与万寿山遥相呼应，起着丰富水面景物的重要作用。岛的平面近似椭圆形，面积为 1 公顷多。环岛用整齐的巨石砌成泊岸，并用青白石雕栏围护。岛上北半部以山林为主，南半部以建筑为主。乾隆年间，岛上建有广润灵雨祠、鉴远堂、澹会轩、月波楼、云香阁、望蟾阁。嘉庆年间，将三层的望蟾阁拆除，改建为单层的涵虚堂。咸丰十年（1860 年），岛上建筑严重被毁，光绪时重修。清代，此处是帝后们赏月和观看水师表演的地方。

岛上主要建筑广润灵雨祠位于南湖岛东南部，是岛上最重要的建

广润灵雨祠大门

筑，始建于乾隆年间，乃是在明代西湖东岸龙神祠旧址上重新修建而成的，建成后被赐名“广润”。广润祠建成后，原来每年夏季在黑龙潭举行的求雨祭祀活动被挪至此处。乾隆六十年（1795 年）四月二十八日，乾隆帝亲临龙王庙祈雨，当晚大雨滂沱。此日，乾隆帝增赐龙神，封号为“广润灵雨”。嘉庆十七年（1812 年）五月七日，嘉庆帝因祈雨灵验又加龙神“广润灵雨祠沛泽广生”封号，并命令此后每年春秋两季遣官致祭。咸丰十年（1860 年），广润灵雨祠被英法联军烧毁。此后每年在原址上支搭席棚，遣官致祭的情况一直持续到光绪十四年重建广润祠。广润灵雨祠四周围以红墙，正南建有歇山顶琉璃山门。门上嵌有嘉庆帝御书的“广润灵雨祠”石额。山门两侧及东墙上各有一座随墙门。山门外左右各矗立着一座高大的旗杆，在祭祀

垂花门

鉴远堂

活动中用于悬挂祭旗。广润灵雨祠前的方形小广场上，东、西、南三面各有一座牌楼，均为四柱三楼冲天式。三座牌楼始建于乾隆年间，光绪年间重修。1951 年拆除倾危的东西牌楼，1986 年照原样重建。东牌楼正楼东面匾额曰“凌霄”，西面匾额曰“瑛日”，西牌楼正楼东面匾额曰“镜月”，西面匾额曰“绮霞”。东西牌楼与十七孔桥、南湖岛院落的东垂花门形成了一条东西向的轴线。南牌楼正楼北面匾额曰“虹彩”，南面匾额曰“澄霁”，正对着广润灵雨祠的山门，与东西牌楼一起构成了对广润灵雨祠的环拱之势。

其中广润灵雨祠西面是一组庭院建筑，庭院有小门与祠相通。院落主要由东垂花门、鉴远堂、澹会轩、云香阁、月波楼、北垂花门组

涵虚堂全景

广润灵雨祠正殿

涵虚堂

东牌楼

成。东垂花门坐西朝东，双卷悬山顶，后檐柱间有四扇屏门。鉴远堂、澹会轩、月波楼坐落在同一轴线上。鉴远堂坐南朝北，面阔五间，前、后有廊，歇山卷棚顶，堂南面临水，凌波而建，开窗纵目，一碧万顷。乾隆帝非常喜欢鉴远堂，当年经常在此传膳、游憩。澹会轩面阔五间，坐北朝南，与鉴远堂相对，南北有廊，硬山顶，东、西各有两间耳房。东垂花门、鉴远堂、澹会轩间有游廊连接成一座方整的小院。北侧月波楼是一座两层楼房，面阔五间，坐北朝南，前后带廊歇山顶。“月波楼”匾额下有楹联“一径竹荫云满地，半帘花影月笼纱。琪花银树三千里，云影瑶台十二层”，巧妙地道出了此地是观云赏月的佳处。月波楼东侧与其平行相对的是和广润灵雨祠在同一轴线上的两层小楼云香阁，阁面阔五间，坐北朝南，前后带廊歇山顶。

月波楼西边又有一座朝西的垂花门，是光绪年间重修时添建的。门内是一所由四座南北向的值房组成的小院，院西墙中央设一小门，迎门建有码头。

湖岛较为完整地保留了清朝光绪时期的建筑格局及建筑风貌，是一处后人了解清朝历代皇家求雨祭祀的重要场所。建筑大木、台帮、地面、墙体、屋面、木装修、油饰彩画、院落地面、院墙、石雕栏、山石、驳岸等方面存在不同程度的损毁。为了能更好更完整地保护好这组建筑，兴中兴公司根据各建筑的不同残损现状，制定相应的修缮措施。

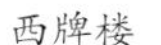

西牌楼

西牌楼背面

颐和园园墙修缮工程

2012—2016年，先后完成颐和园园墙五期的修缮设计工作。2017年，颐和园园墙修缮工作全部完成。

颐和园园墙勘察设计工作从2012年8月启动，开始对颐和园园墙进行全面细致的勘察。鉴于颐和园园墙过长，故根据园墙的所处位置及残损程度、施工条件等因素，同时考虑到今后方便实施，将园墙分为六段，按五期申报实施（见总平面位置图）。

2012年，首先对颐和园园墙进行了全部勘察，根据勘察结果制订了实施计划。五期分五年申报实施，各段在申报前再进行复勘，根据复勘变化进行设计方案的调整。勘察设计工作始终贯穿至竣工验收，随时跟踪设计内容，发现问题随时调整。可以说，从勘察设计到专家评审，到报批，到施工，再到验收，每一步均严格按照文物修缮的相关程序进行。

颐和园园墙总长度为8449延米，现有三种形式：第一种为虎皮石墙体宝盒顶墙帽，长8269延米；第二种为砖墙墙体，大城样干摆下碱，上身砖墙外抹红灰，2号青筒瓦墙帽，长90延米，位于东宫门两侧；

东园墙

第三种为下碱虎皮石砌筑，上身砖墙外抹白灰，外抹白灰鹰不落墙帽形式，长 90 延米，位于德和园东侧。

在进场勘察之前，设计部门首先制订了详细的勘察计划，首先对颐和园园墙历史档案进行详细查找，做了大量的信息资料准备工作。设计人员分别到中国第一历史档案馆及颐和园档案室等相关部门查阅收集档案资料。资料主要来源于“清宫档案”、《颐和园志》等档案资料。在进行书面资料查找的同时，设计人员走访了长期在颐和园从事维修工作的老工匠、老职工，向他们询问了 20 世纪五六十年代颐和园园墙保护、修缮、变迁的情况，当年修缮的做法和措施，以及当年修缮时未能解决的隐患等口述资料。

通过资料的调研，设计人员了解到颐和园园墙形成的原因、初建时园墙的建筑材质及做法、历史变迁等相关信息。在此基础上，明确本勘察的主要目的为：①查明园墙结构性残损，勘察现有园墙的残损状态，确认各段园墙的稳定性。同时，确定是由于自然原因还是人为因素造成的园墙通裂、歪闪、下沉、坍塌等结构性残损。②查明园墙现有的做法、材质等现状情况。③核查颐和园保留光绪时期老墙的位置及历史变迁情况。

园墙

亚太经合组织（APEC）会议附属配套设施环境整治工程

2014 年，APEC 会议在颐和园的接待活动路线为：东宫门→仁寿殿→知春亭→文昌阁码头上船→乘船游览昆明湖→玉澜堂码头下船→德和园颐乐殿→乐寿堂水木自亲殿→邀月门→留佳亭→寄澜亭→排云门（金水桥合影）→清遥亭→石舫→北如意门。项目内容主要涉及地面、屋面、油饰、卫生间等维修。

东宫门休息室设计图

此次 APEC 接待活动路线包含着丰富的中国物质文化和非物质文化遗产，蕴含着中国传统文化哲学思想的真谛。沿线安排有琵琶独奏、汉唐乐舞、京剧名段串编、景泰蓝、花丝镶嵌、雕漆等非物质文化体验活动，是颐和园文化旅游层次提升的重要标志。物质文化与非物质文化相结合，引出中国传统文化哲学思想，是颐和园文化旅游层次高度提升的开始。

东宫门休息室格局

颐和园听鹂馆修缮工程

2010—2014 年修缮设计，暂未施工。建筑面积为 3141.80 平方米。

听鹂馆古建筑群位于颐和园内万寿山西麓，是颐和园内 13 处主要建筑之一。建筑群坐北朝南，背靠万寿山，北临画中游，西临石舫，前隔长廊，面临昆明湖。

颐和园听鹂馆古建筑群位于万寿山西麓，由三组院落组成，由西向东分别为“怀仁憬集”“听鹂馆”“贵寿无极”。听鹂馆总占地面积为 5460 平方米。

1750 年，乾隆皇帝为其母亲孝圣宪皇太后祝寿而修建，听鹂馆当时是园内唯一一处供帝后进行娱乐的场所。公元 1860 年被英法联军烧毁。光绪年间，慈禧太后挪用海军军费重建听鹂馆，并亲自题写匾额“听鹂馆”。而后，这里就成为慈禧太后宴请外国使臣及其宠臣、妃嫔们看戏、听音乐、饮宴的场所。听鹂馆因借黄鹂鸟的叫声形容戏曲、音乐之优

颐和园听鹂馆总立面图

听鹂馆外景

美动听而得名。今天的金支秀华殿是戏楼的后台。戏楼的北面是正殿听鹂馆。颐和园内的德和园建成三层大戏楼后，慈禧等人就经常在德和园的颐乐殿里看戏。听鹂馆的小戏楼只举办一些小型戏曲演出，同时发挥着膳房的作用。1901—1904年，慈禧每年都在颐和园举行盛大的生日庆典，一应饮食由颐和园御膳房承办。据《上驷杂志》记载，

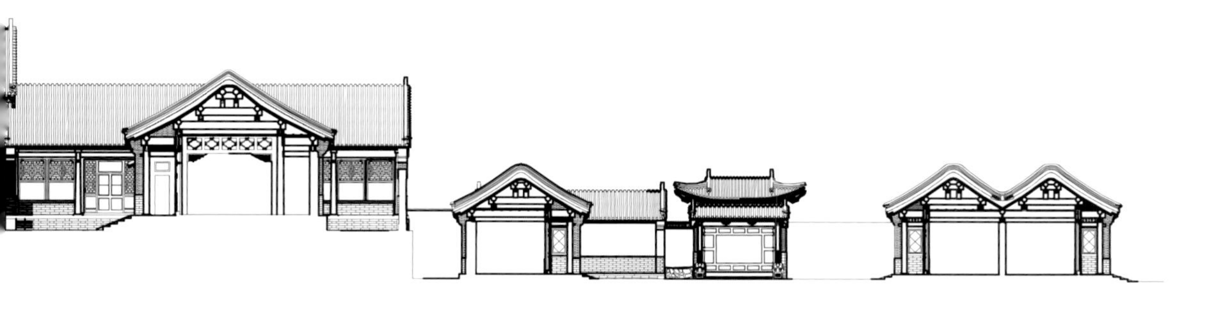

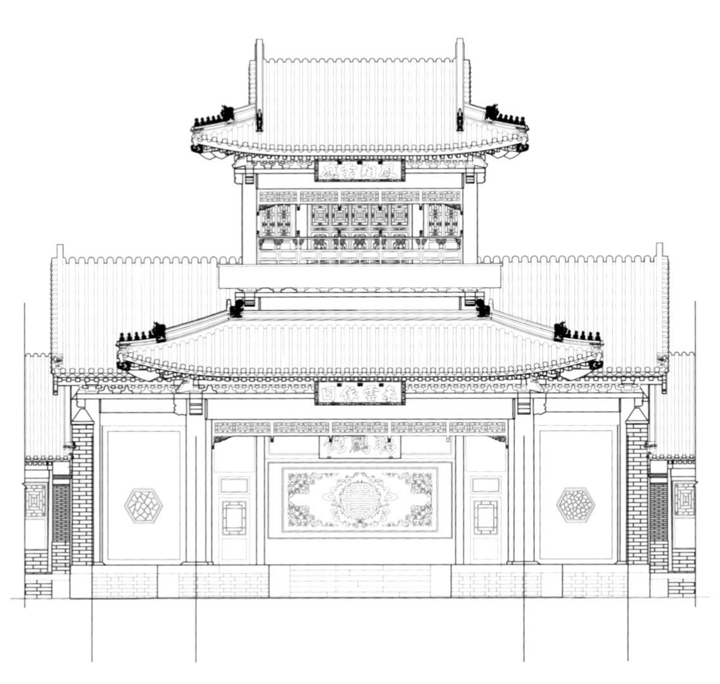

颐和园听鹂馆戏台正立面

听鹂馆戏台

鳳翔雲應
来雲依日
聽鸝館

扮戏房

听鹂馆

戏台屋顶

颐和园内为慈禧太后做饮食的“寿膳房”大小共八个院落，厨师（太监）一百二十多名。每逢在园中做寿，她都要大设宴席，宴请王公大臣、公主命妇，“日费千万两，歌舞无休日”。听鹂馆饭庄始于1914年，一位商人开设听鹂馆励志社招待所，有餐饮、茶座服务。1924年，商人陈玉山在听鹂馆开设万寿山食堂。

自古以来，中国建筑就与诗词歌赋有着不可分割的关系，尤其是园林建筑，更是密不可分。所以，院内的匾额、楹联都是这组建筑的艺术写照，它们与建筑紧密相连，具有极高的艺术价值。同时，中国园林建筑亦是一幅幅水墨画，譬如戏台以北是画中游，以南是昆明湖，每个方向的景观都是一幅山水画。听鹂馆是我们研究中国传统皇家园林建筑艺术价值的实物。

听鹂馆门前翠竹掩映，玉兰、海棠迎宾，景色宜人。地理位置便利，但又极为幽静，闹中取静。建筑高低错落，建筑形式多样，所有建筑

戏台侧视

戏台内部

戏台藻井

利用游廊、筒子门相连，不通过室外可以通往每一处房间。五开间扮戏房悬山勾连搭形式，后接二层戏台，戏台下设地井，扮戏房东西各六间耳房，扮戏房北侧为五开间歇山看戏殿，看戏殿前后带廊、东西设筒子门与游廊相连，通往东西配殿及东西厢房。听鹂馆是一处典型的娱乐餐饮场所，在中国园林文化中是不可缺失的一部分。建筑属典型的官式清晚期建筑，与颐和园内大部分建筑属于同一时期，是研究颐和园造园艺术不可或缺的一部分。

扮戏房及两侧顺山房

室内装饰

颐和园西堤四桥修缮工程

2013—2016 年先后完成柳桥、练桥、镜桥、豳风桥四桥的修缮设计。2017 年，四桥的修缮工作全部完成。

西堤是颐和园的重要美景之一，春夏季桃红柳绿，一路绿荫。四桥又是西堤的重要美景，点缀在桃红柳绿之中。游人对西堤情有独钟。西堤六桥仿杭州西湖苏堤而建，西堤本是一条不宽的堤岸，没有什么实际作用，可是设计者偏要将平坦的堤岸人为地断开，在堤岸上建起“西堤六桥”，形成优美的“六桥烟柳”。

1. 柳桥

柳桥桥亭位于颐和园西堤南端，始建于乾隆年间，原名“界湖桥”。咸丰十年（1860 年），桥亭被毁，光绪时重新修建并易名“柳桥”。

柳桥（组图）

现存建筑为桥亭形式，桥亭为单开间正面带廊重檐歇山元宝脊青筒瓦四方亭，采用抹角梁构造。抹角梁两端搭交在檐檩约 1/3 处，抹角梁上端中点做墩斗与承椽枋中线交点垂直重合，金柱上端做假梁头，东西两侧为通檩，绘苏式彩画。

柳桥（组图）

2. 镜桥

镜桥始建于乾隆年间，咸丰十年（1860 年）桥亭被毁，光绪时重修。现存建筑为重檐攒尖式桥亭，青筒瓦元宝顶，上下各八条脊，有垂兽、合角兽，绘制苏式彩画。安装有坐凳楣子和倒挂楣子。桥名出自唐代诗人李白的诗句“两水夹明镜，双桥落彩虹”。

镜桥

由镜桥望佛香阁

镜桥彩绘

3. 练桥

练桥桥亭位于颐和园西堤柳桥以北，始建于乾隆年间，咸丰十年（1860 年）桥亭被毁，光绪年间重修。现存建筑为青筒瓦重檐攒尖顶四方形桥亭，绘制有苏式彩画。

练桥全景

练桥彩绘（组图）

冬日遥望佛香阁

练桥

豳风桥全景

4. 豳风桥

豳风桥桥亭位于颐和园西堤北侧，是西堤上最北侧的一座桥，始建于乾隆年间，咸丰十年（1860 年）桥亭被毁，光绪年间重修，清漪园时期名“桑苎桥”，光绪时期为了避咸丰帝（奕詝）名讳，改为今名。“豳风桥”一名取自中国第一部诗歌总集《诗经》中反映古代劳动人民农业生活的作品——《豳风》。以“桑苎”或“豳风”为桥名都是为了表明帝王对农桑的重视。豳风桥是一座屋桥，桥亭为长方形，面阔三间，

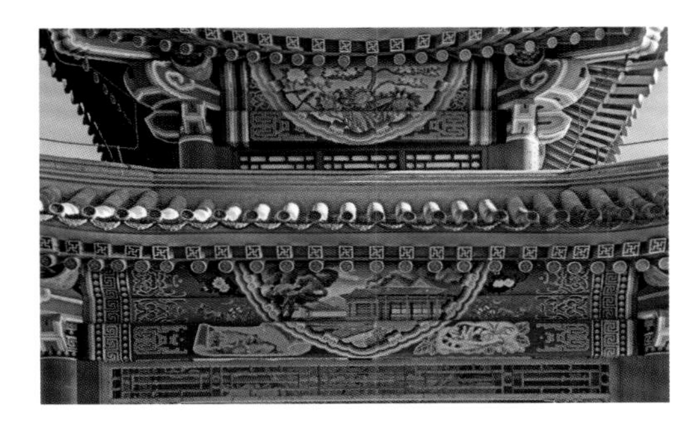

豳风桥彩绘（组图）

由豳风桥望昆明湖

重檐四脊攒尖方顶。绘苏式彩画，方柱抱圆柱。装有步步锦坐凳楣子、倒挂楣子。

四桥修缮重点：检修大木构件，对大木构件进行整修、加固、包镶，对局部加固也无法确保安全的构件进行更换，对柳桥、练桥大木构件进行打尖拨正，同时对其屋面、木基层、木装修、望柱、油饰彩画等部位的残损进行相应的一般性修缮。

颐和园知春亭修缮工程

2013—2014 年修缮设计，2019 年竣工验收。

知春亭位于玉澜堂以南紧临昆明湖东岸的小岛上，有平桥与岸相通。岛西还有一个更小的岛，两岛之间也用平桥连接。知春亭始建于乾隆年间，光绪时重修。亭四面临水，坐东朝西，北有山为屏，南面朝阳，得春较早，因此得名“知春亭”。亭为重檐四角攒尖方顶，布瓦屋面，彩画形式为苏式包袱彩画。通高 11.273 米，建筑面积 76.5 平

知春亭

方米。两小岛的占地面积为1560平方米。

亭畔叠岸缀石，植桃种柳，冬去春来之际，此处冰融绿泛、春讯先知，是园内赏春、观景的佳处。此处也是包揽万寿山、昆明湖全景和玉泉山、西山借景最好的观景点。

知春亭大木结构基本稳定，但由于多年的风吹雨淋等自然因素侵害，以及人为磨损等原因，建筑的屋面、木基层、角梁、坐凳、地面、油饰地仗及外檐彩画的损坏程度较为严重，其余部位较好。

本次修缮检修大木构件，对大木构件进行整修、加固、包镶，对局部加固也无法确保安全的构件进行更换，同时对其屋面、木基层、木装修、油饰彩画等部位的残损进行相应的一般性修缮。对周边环境进行整治。

知春亭彩画（组图）

匾额

翼角

知春亭天花

知春亭内

斜阳下的知春亭

知春亭雪景

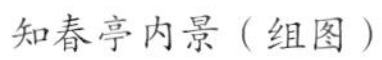
知春亭内景（组图）

知春亭屋面

颐和园涵虚牌楼修缮工程

2013—2016 年修缮设计，2017 年竣工验收。

“涵虚”牌楼始建于乾隆年间，耸立在东宫门外，是一座三间四柱七楼的木构牌楼。牌楼东西向坐落，面宽 15.12 米，高 8.96 米。3 号筒瓦裹垄屋面，带正脊，庑殿顶。明楼、次楼、边楼、夹楼均以多攒斗拱承托，绘金龙和玺彩画。次楼前后檐有龙凤透雕花板。明楼东面

涵虚牌楼

额曰“涵虚”，西面额曰“罨秀”，均为乾隆御笔亲提。“涵虚”“罨秀”巧妙地点出了颐和园清幽恬静、山清水秀的主题，可以视之为颐和园山水乐章的“序曲”。涵虚牌楼是从东面进入颐和园的第一座建筑，从圆明园一路行来，远远地就可以看到它的形象。走近它，万寿山佛香阁的景致正处在牌楼柱枋构成的画框之内。颐和园这一精美绝伦的巨幅画卷由此缓缓展现在人们的面前。

涵虚牌楼始建于乾隆年间，1985 年落架大修。涵虚牌楼整体向东歪闪 120 毫米，同时向北扭闪，两侧边楼明显下沉。各大木构件均有

涵虚牌楼东面

涵虚牌楼西面

不同程度的变形、下沉、开裂等现象，夹杆石亦有下沉的现象。油饰彩画褪色、龟裂严重。建筑存在安全隐患。

修缮内容：屋面挑顶，恢复2号捉节夹垄屋面，打牮拨正，检修大木构件、铁活加固。清除柱头及梁枋等大木构件糟朽部分，重新嵌补。墩接南侧第二根柱子，墩接高度为夹杆石以下（若现场打开后发现此根柱子已无法墩接，可进行更换），拆安2号夹杆石；镶补整修所有戗杆底部，重新包铜皮。铁活加固额枋、龙门枋，采用加槽钢用螺栓紧固的方法，并同时与柱子做好拉结。拆卸整修所有斗拱，整修、加固角科斗拱。木柱重新油饰地仗。

涵虚牌楼雪景

涵虚牌楼夜景

涵虚牌楼侧面顶部

涵虚牌楼侧视

颐和园福荫轩修缮工程

2016—2017 年修缮设计，2019 年竣工验收。

福荫轩位于养云轩北侧，始建于乾隆年间，原名“餐秀亭”，为二层楼式的建筑，光绪十七年（1891 年），改建成一层“舒卷”式建筑，更名为“福荫轩”。福荫轩坐北朝南，面阔三间，周围有廊。曲线形槛墙，轩的东、西面各有三间曲廊，将山石和福荫轩连接起来。福荫

福荫轩正立面

福荫轩侧视

轩建筑面积为 103 平方米，柱高 2.85 米。廊子建筑面积为 33 平方米。总建筑面积为 136 平方米。福荫轩一反平面房屋的单调和呆板，其前廊和后廊都是由方向相反的两段弧线组合而成的。书卷式后廊，书卷式平顶，曲线形槛墙，犹如一本打开的长卷。福荫轩建筑在一高台之上，坐北朝南。福荫轩的东西两端均有山石堆砌。福荫轩的屋顶也一改斗拱式大屋檐歇山顶的传统皇家形制，使用皇家建筑中极为罕见的平顶，砖雕女儿墙，砖雕挂檐图案为万字交织蝙蝠团寿纹，取福寿无边、圆满吉祥之意。福荫轩使用皇家建筑中极为罕见的平顶，在整个颐和园中仅此一处。独特的书卷形设计别具一格，保留至今。

因此，颐和园福荫轩在园林造园技术上具有较高的艺术价值。多变灵动的建筑形式与周围环境形成一道独特的风景线，具有较高的观赏价值。

福荫轩大木构架无明显歪闪，结构相对稳定，其主要问题是东北、

福荫轩屋顶

福荫轩门窗细部

福荫轩外廊

游廊

西北角金柱位置的抱头梁梁头劈裂糟朽严重，加固的铁活锈蚀松动离骨。福荫轩两侧游廊整体结构歪闪严重，已出现险情，现建筑虽已加支顶，但遇到大风大雨天气，游廊仍会以1~2毫米的速度加剧歪闪程度，

福荫轩

如无支撑，随时有倒塌的可能。综上所述，福荫轩院的修缮工作迫在眉睫。本组建筑修缮重点为疏通院落排水，做好屋面防水，这是本次修缮的根本。同时修复建筑残损，加强日常维护及监测。

福荫轩砖雕

颐和园荇桥牌楼修缮工程

荇桥牌楼

2018 年完成设计，2019 年竣工验收。

荇桥牌楼位于颐和园内石舫西侧昆明湖前湖与后湖的分界处，后湖西起点位于荇桥西侧。荇桥的东西两端各有一座四柱三楼冲天牌楼，东侧牌楼两面额题分别为乾隆御笔“蔚翠”和“霏香”，西侧牌楼上则书有“烟屿”和“云岩”，分别指河岸上的林木蔚然碧绿，桥下流水弥漫着荇菜清香，昆明湖中三仙山烟雾苍茫，云雾中万寿山若隐若现。八个字生动形象地描述出走过石桥所见的绝美景色。

荇桥牌楼

荇桥牌楼雪景

牌楼为1992年11月复建。荇桥西牌楼整体保存相对完好，但北侧第二根木柱的夹杆石以上部分糟朽严重，已接近柱心。夹杆石内部分因外套铁箍无法勘察糟朽情况。此根柱子糟朽严重影响牌楼整体结构，给牌楼埋下极大的安全隐患，亟须解决。

明间及北次间大木落架拆安，整修所有构件（对拆卸的构件做好保护，待柱子更换完毕后原位归安），更换北侧第二根木柱、包镶，或墩接北侧第一根木柱，拆安北侧第一、二个夹杆石，拆安整修加固明间及北次间斗拱、博缝等构件。整修残缺的花板。补配青白石材料的套顶石。重做彩画。

荇桥牌楼

额枋彩画

荇桥牌楼细部

荇桥牌楼全景

颐和园探海灯杆修缮工程

2019 年完成设计，2020 年施工完成。

“探海灯杆”又称“龙灯杆”，立于光绪十八年（1892 年），灯杆为“门”字形，下有夹杆石固定，上有“二龙戏珠”纹饰铜鎏金横杆，“宝珠”下有滑轮用以悬挂汽灯。两根灯杆为木质，杆上绘有盘杆金色云纹。上托半圆形透雕龙纹的镀金铜梁，两个龙吻环绕着一颗红色铜珠，铜珠下有滑车，夹杆石 0.64 米见方，高 1.3 米。

探海灯杆雪景

清光绪年间，每天晚上太监会用滑车在探海灯杆上吊起一架特大汽灯，照明昆明湖水面及玉澜堂，西至排云殿等处。1900 年，探海灯杆被八国联军破坏，1902 年，修复颐和园时拆换新杆。1951 年，拆除杆柱及杆，顶铜雕部件妥善保存。1989 年，按原样重新恢复。探海灯杆顶部铜雕饰件为清代原物。

现存探海灯杆为 1989 年重建，灯杆杆体残损较为严重。多年来对柱根已进行了多次加固。最近一次为 2018 年 12 月，对东侧灯杆进行了临时修补，在夹杆石上部 50 厘米处进行镶补（糟朽深 20 厘米，宽 25 厘米，高 25 厘米）。虫蛀严重导致木材糟朽，灯杆糟朽部位深度已超过柱径的 1/2。自然环境的影响以及杆体自身木构件的糟朽劈裂，造成了灯杆保存状况的继续恶化，就目前状态看存在严重的安全隐患。灯杆地仗层为一麻五灰外做绿色油饰。地仗层也出现了大面积的剥离、脱落，木基体暴露，已无法起到保护木基体的作用。探海灯杆所处乐寿堂区是颐和园重要的参观景点，游客众多。探海灯杆又处于水木自亲殿前的交通要道，是游客去往乐寿堂、长廊、佛香阁的必经之路。目前，探海灯杆地仗出现大面积离骨，一旦脱落会对游客造成重大的安全隐患。现存探海灯杆为一麻五灰地仗外做绿色油饰，受当时经济条件所限，重建时并未按原有流云图案绘制，此次修缮重点为解决探海灯杆的结构安全问题，并对灯杆重做油饰，恢复流云图案。

流云纹饰

仰望探海灯杆

不同光线下的探海灯杆（组图）

颐和园须弥灵境建筑群遗址保护与修复工程

2009—2015 年修缮设计，2019 年正式施工，2021 年 12 月完成施工。建筑面积为 2816 平方米。

须弥灵境建筑群位于颐和园万寿山北麓，建筑群坐南朝北，南半部的四大部洲建筑群为藏式风格，北半部的须弥灵境建筑群为汉式风格。两组建筑群共同构成清漪园时期万寿山后山 200 米长的南北中轴线，是一组庞大的汉、藏混合风格的佛寺建筑群。

须弥灵境主殿遗址现状

满族入关前，皇太极就尊崇藏传佛教，他一面致书达赖喇嘛，延请高僧传法，一面广修藏传佛教寺庙。入关后，清王朝的统治者对藏传佛教采取一系列保护政策，并不惜斥巨资在北京、河北承德和山西五台山广修藏传佛教寺庙，作为供奉大活佛和蒙藏僧俗领袖朝觐皇帝时礼佛之用，以表清廷对藏传佛教的尊奉，提高皇帝在藏传佛教领袖中的威望，使之竭诚拥护清王朝的统治。四大部洲－须弥灵境建筑群既继承了汉族建筑的优良传统，又融汇了兄弟民族的建筑特点，创造出一种独特的建筑风格，体现了清王朝以宗教为手段，达到在政治上团结边疆民族、巩固国家统一的目的。须弥灵境建筑群分为两个部分，南半部俗称“四大部洲”，北半部俗称“须弥灵境”。须弥灵境建筑群平面呈“丁”字形，沿万寿山山坡自北向南逐层叠起台地。位于上半部分的四大部洲建筑群，其规划设计以西藏著名古刹桑耶寺为设计

须弥灵境大殿遗址

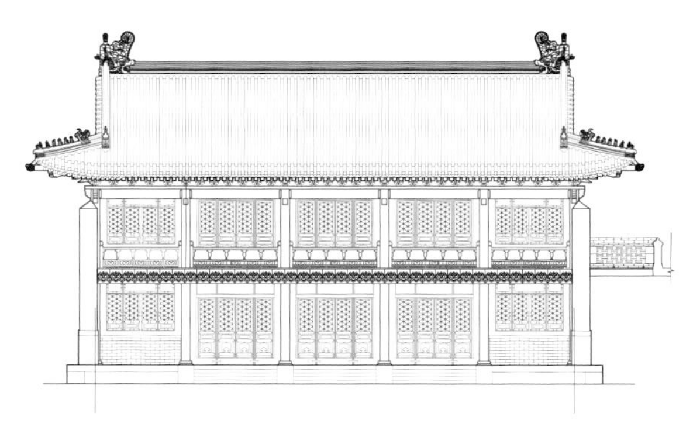

颐和园须弥灵境配楼复建立面

须弥灵境东配楼山花

须弥灵境建筑群复原效果图

琉璃扶手墙

蓝本，采用曼陀罗式的佛教寺庙布局，以香岩宗印之阁为中心，供奉大悲菩萨。位于下半部分的须弥灵境建筑群，采用伽蓝七堂式的汉地佛教寺庙布局，以九开间重檐歇山顶的须弥灵境主殿为中心，供奉三世佛，省去了山门、钟鼓楼等建筑，使之与园林氛围吻合。须弥灵境建筑群是清代佛教建筑中汉藏结合的典型代表。

该建筑群始建于乾隆十九年（1754年），咸丰十年（1860年）被焚毁，木构件荡然无存。光绪十四年（1888年），四大部洲主建筑香岩宗印之阁重建，须弥灵境及其他建筑均未复原。1980年，重建四大部洲。1981年，重修须弥灵境基座，复建慈福牌楼，其他建筑大部分仅存遗址至今。

本项目主要包括三部分内容：第一部分为须弥灵境大殿遗址的保护，第二部分为东西配楼及东西牌楼的修复，第三部分为现有平台及牌楼等现存文物的现状整修及周边环境附属设施整治。

慈福牌楼

须弥灵境大殿台明

石幢

须弥灵境角柱

颐和园画中游建筑群修缮工程

土建部分：2013—2017 年修缮设计，2020 年完成施工。建筑面积为 1021 平方米。

彩画部分：2021 年 12 月完成施工。

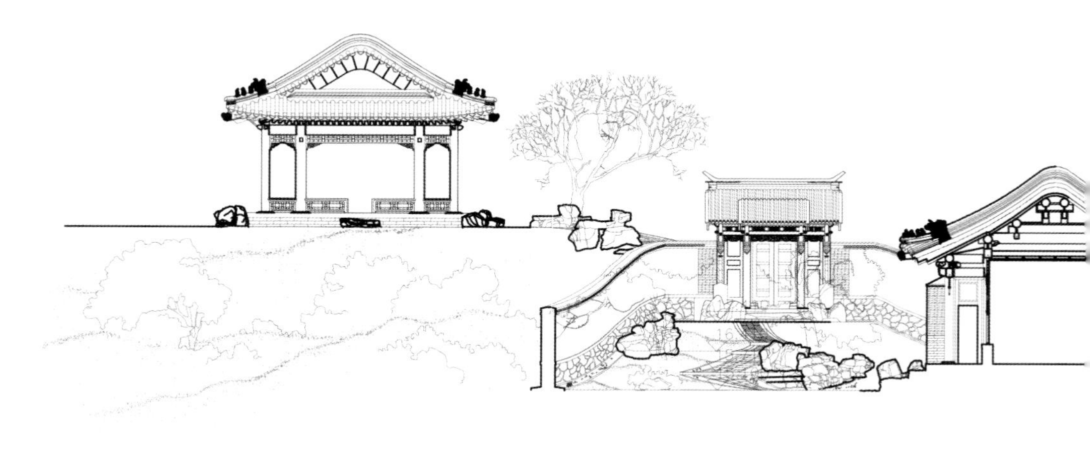

颐和园画中游建筑群正立面图

本组建筑始建于乾隆年间，1860年被英法联军烧毁，光绪年间重建，因此建筑年代均为光绪时期。本组建筑位于颐和园前山西南坡转折处，占地面积约为0.5公顷，是万寿山西部重要的景点建筑，由于建筑倚山而建，循廊观景，仿佛置身于画中，故名“画中游”。建筑群以楼阁为重点，陪衬亭台，以爬山游廊连通上下，布局对称，互不遮挡，景观空间层次变化较大。景区大量堆叠山石，围植松柏，构成山地小园林特色。

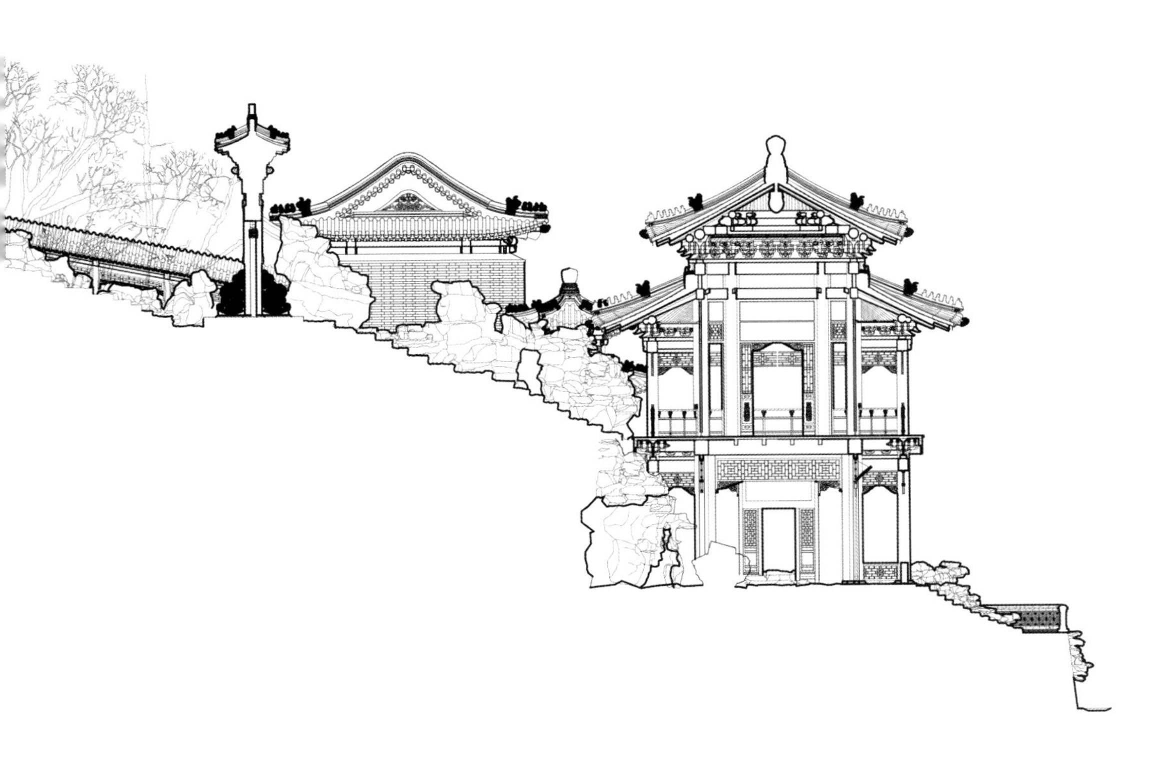

颐和园画中游剖面图

这组建筑群所处的地位条件有两个特点：一是它正处在前山西南坡的转折部位，从这里向南、向西都有宽广的视野，南可观赏前湖风光，西可远眺玉泉、西山；二是这里的地面坡度较大，约 20 多度，依坡而建的亭、台、楼、阁之间互相很少遮挡，形成有空间层次的变化。

画中游这组建筑群的层次特点：整组建筑群以楼、阁为重点，以亭、台为陪衬，以爬山游廊上下串联，又运用较大量的叠石成山和浓密的

澄辉阁

松柏树木，构成以建筑见胜的山地小园，它因坡就势大体上分为上下两个层次。爱山楼、借秋楼和石牌坊以南的庭园部分为第一层次。它以八方形阁画中游为中心，东接爱山楼，西接借秋楼，顺地形的等高线布置叠落状的三层台地。第二层次以画中游主殿为中心，由两条环抱状爬山廊抱合起来。整组建筑群有四座主要建筑物：澄辉阁突出于建筑群中轴线的最南端，画中游主殿位于中轴线的最北端，而爱山楼、

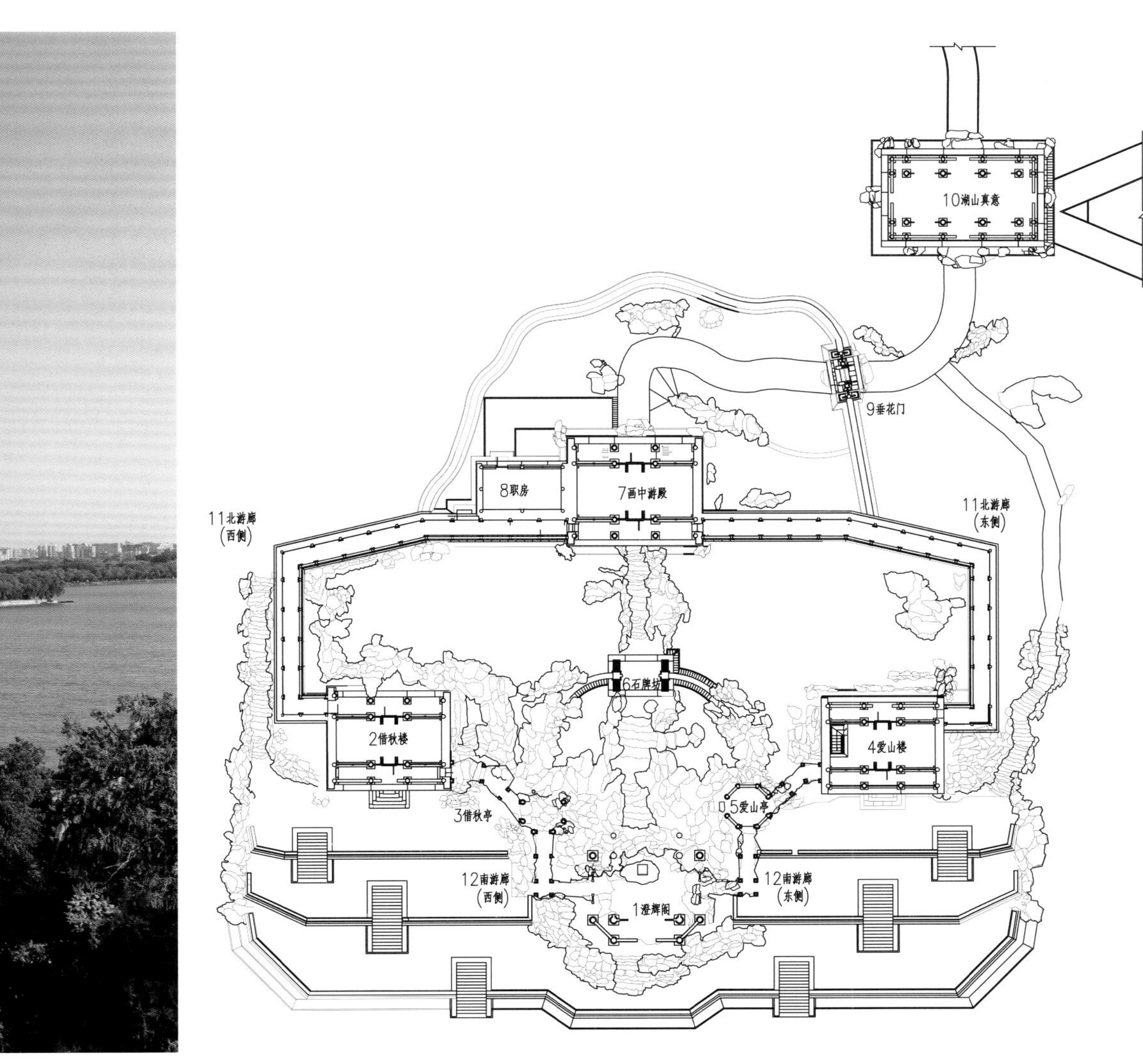

画中游建筑群总平面图

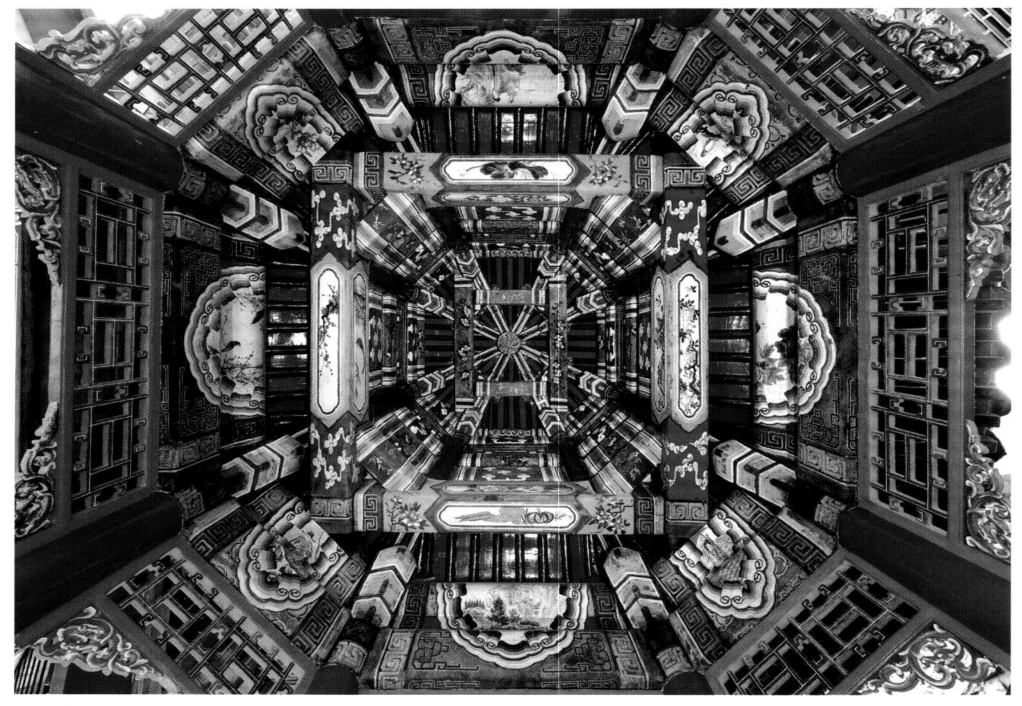

借秋亭室内梁架

借秋楼两楼分列于一东一西。四者用廊连接，构成重点突出，左右均衡，前后衬托，互不遮挡，有如仙山琼阁的画意。

不仅画中游整组建筑群具有多层次的特点，就单体建筑本身也具有多层次的特点，如澄辉阁，为两层敞阁，南侧金柱横披窗悬挂“画中游”匾额，是第一层次的主体建筑，采取阁的形式，平面八方形，重檐顶。由于立基于陡峭的山坡上，前后高差约 4 米，所以下层的柱子不得不顺着山石起伏而长短不一。阁两旁的爬山廊也依着山石之升起而连接爱山楼、借秋楼两楼。爬山廊中部建有两座八角重檐攒尖小亭，既用以陪衬主体，又可经此穿行石洞而登临阁的上层。阁的上层通透开敞，东、南、西三面都可凭栏远眺，立柱与楣子、木栏杆构成一幅幅美景画框。从框中透视，人们仿佛置身画境，如游画中，“画中游”因此而得名。澄辉阁后的山是利用天然裸露岩石再叠石而成。山的布置使山石与阁与廊紧密结合，更增添了山地建筑的特有情趣。过山北面的石牌

眺昆明湖

画中游全景

借秋亭屋面

琉璃屋面 1

琉璃屋面 2

方心式苏画 1

包袱式苏画 1

方心式苏画 2

包袱式苏画 2

屋面脊件

修就如旧的门头彩绘

澄辉阁

画中游殿

湖山真意匾额

枋，就可抵达第二层次的庭园。这个庭园由爬山廊环抱而成，它的南北进深很浅，而东西方向拉得宽，使庭园的进深与面宽成 1 ∶ 3 的比例，避免了局促感。由于庭园的地面坡度较大，因此，两侧的爬山廊和北面正中的画中游主殿都能以前部建筑物作为远眺湖山时的近景陪衬。画中游的后院，有院墙和一座垂花门。出垂花门是湖山真意轩和通往山顶的御道。

置身于其中，仿佛在画中行走，园如其名，此组建筑无愧于“画中游”这个名号。垂花门、琉璃瓦、竹林和疏花，互相掩映，互相成就。亭、台、楼、榭、轩、馆，都好像是一笔一笔描画出来的工笔画。疏落有致，参差呼应当中，渐渐得出一种节奏，一种幽幽的绿屏烟窗的韵致，一种蒙蒙的烟雨迭化的情景，一种淡淡的与天地同在的心情，堪称造园艺术之经典，是我们学习、研究我国造园艺术的实践基地，具有极高的价值。

该组群土建部分的现状评估——本组建筑主要建筑大木构架保存较好，但仍存在不同程度的变形、糟朽现象，其中垂花门、游廊等附属建筑表现更为凸出，残损较为严重。建筑的主要残损部位为柱根、

澄辉阁

湖山真意内景

装修

爬山廊

阁远眺

木基层、木装修、屋面、局部大木构件、油饰地仗彩画。其次，建筑内部及周边、庭院内存有大量积水现象，无法正常排除，造成建筑柱根及局部木构件被雨水浸泡，同时庭院土壤滑落，水土出现流失，流失的水土又堆积于山石与建筑相连处，造成本组建筑木构件糟朽及墙体残损。

因此，本工程的工作重点为：第一，解决院落雨水疏、排；第二，针对存在安全隐患的建筑及部位进行拨正、落架等彻底修缮（如垂花门、游廊、扶手墙等建筑）；第三，针对一般性残损的建筑及部位进行相应的一般性修缮。

澄辉阁侧视

澄辉阁屋面

澄辉阁内景

石牌坊

澄辉阁

颐和园辇库修缮工程

2018 年修缮设计，2020 年完成施工。

辇库位于东宫门南侧，紧临东宫门南值房，原隶属銮仪卫用房，是用来存放皇家步辇的地方。慈禧太后游园所乘坐的辇就存放在这里。现銮仪卫用房格局基本保留，只是在文物建筑之间搭建了一些房屋，原有各院之间的大门被封堵。根据《颐和园工程清单》记载，“光绪十七年銮仪卫库房成做大木”，依次可判断辇库建于光绪十七年（1891 年）。1962 年，辇库改建成冰棍车间，1979 年又一次改建。辇库为五开间单层清筒瓦过垄脊悬山建筑，现作为颐和园旅游用品商店库房使用，銮仪卫其余建筑被消防中队占用。

辇库为一栋五开间前后带廊单层清筒瓦悬山过垄脊建筑，面宽 20.74 米，进身 9.9 米，檐柱高 4.4 米，建筑总高 8.42 米，总建筑面积

辇库正面

辇库侧视

辇库内景

为211.5平方米。辇库原隶属銮仪卫用房。銮仪卫是清朝负责掌管皇帝皇后车架仪仗的机构。本组用房是颐和园内仅存的一处銮仪卫用房。现颐和园辇库仅此一处，它是清末銮仪卫用房的重要组成部分，是研究清朝皇家銮仪历史的重要实物。通过銮仪卫用房样式雷地盘样图核对，銮仪卫用房格局保留完整，只是各院之间相通的小门被封堵，局部文物建筑之间后期加盖了砖房。辇库是銮仪卫用房建筑群中最为重要的一栋建筑，虽都为库房之用，但辇库无论从建筑位置还是建筑体量都高于本组其余建筑。辇库虽然只是一栋建筑，但单独成院，由此可见其重要性。

现辇库存在较大安全隐患，为了防止坍塌已进行了临时支顶。为了能确保这处銮仪卫用房的完整性，辇库的修缮工作十分重要。它是研究颐和园銮仪卫历史的实物，是颐和园的重要组成部分。顺治元年（1644年）设，初沿明制称“锦衣卫”，顺治二年（1645年）改为“銮仪卫”，顺治十一年（1654年）厘定品级、员额，逐成定制。

本建筑修缮重点是，归安滚闪、拔榫的大木构件，铁活加固劈裂严重的大木构件，墩接糟朽严重的柱根，恢复原有地坪高度，整修西侧山墙基础，修复被破坏的彩画。总之，在辇库的整体修缮中，排除建筑安全隐患，修复建筑残损，还原建筑原有形制是本次修缮工作的重点。

颐和园澄怀阁修缮工程

2019 年设计完成，2020 年竣工。

澄怀阁位于颐和园西北迎旭楼北侧，属于万字河沿岸建筑，原名“水周堂”，光绪年间重修时改为今名。建筑坐西朝东，是一座二层小楼，东面连路面，西面临水接两侧驳岸，南面什锦窗砖墙，北接西房五间。澄怀阁西侧、北侧驳岸料石为花岗岩砌筑，油灰勾缝。

澄怀阁始建于乾隆年间，改建于光绪十四年（1888 年）至光绪二十六年（1900 年）。澄怀阁是颐和园建筑群的重要组成部分，是院内少有的临湖建筑。“澄怀”是排除杂念的意思，乾隆诗中有“澄怀

澄怀阁

观道妙”之句。此处的澄怀阁是仿中南海丰泽园的澄怀堂和承德避暑山庄的澄观斋两个阁斋而修建的。清漪园时，岛上建有水周堂，慈禧重修时，改建澄怀阁，与迎旭楼成为颐和园西部特有的两座面向东的二层楼，楼后临湖与垣墙相连，因为万寿山山脚西望缺乏景色，二座楼与垣墙的建造，也是为了遮住视线，在造园中谓之障景。因此，颐和园澄怀阁在园林造园技术上具有较高的艺术价值。多变灵动的建筑形式与周围环境形成一道独特的风景线，具有较高的观赏价值。

澄怀阁法式特征是按照清晚期形制改建而成的，与颐和园内同时期建筑的尺寸、工艺手法一致。油饰彩画虽为1954年重绘，但纹饰手法均按清晚期形制绘制。该建筑面阔三间，进深一间，前后廊，金步设隔扇和支摘窗，室内明间两侧设碧纱橱和楣子，北次间设单步木楼梯。通面阔11150毫米，通进深8690毫米，下出805毫米，上出1000毫米，山出610毫米。檐柱直径为290毫米，柱高为3050毫米，金柱直径为290毫米，金柱通高为6360毫米，檩径为240毫米，至裹垄脊上皮高

澄怀阁临水面

8555 毫米，前檐台明高 355 毫米，后檐台明高 605 毫米，西侧花岗岩驳岸总高约 2200 毫米，汛期时水位露出水面高约 1000 毫米，枯水期（冬季）水位露出水面高约 1500 毫米，一层建筑面积为 97 平方米，二层建筑面积为 92 平方米，总建筑面积为 189 平方米。

澄怀阁西北角木柱柱根糟朽下沉，造成建筑木构架拔榫，后檐墙开裂，给整体建筑造成结构性残损。澄辉阁西侧驳岸石鼓闪、外僱严重，湖水冲击建筑基础，给建筑基础带来极大的安全隐患。现建筑需要整体修缮，灌浆加固驳岸石，排除安全隐患。

澄怀阁内景

澄怀阁外景

澄怀阁室内

澄怀阁

北 京

颐和园养云轩院修缮工程

2021 年完成设计，2023 年 12 月施工完工。

清漪园时期，建筑修建的年代和过程无确切的资料记载。根据乾隆御制诗中最早出现该建筑名称的年代推知：乾隆二十年（1755 年）已有养云轩。

养云轩位于无尽意轩东侧，始建于乾隆年间，咸丰十年（1860 年）末被毁，光绪十七年（1891 年）重修，养云轩原为清代后妃的休息处所。门前有白石小桥架于葫芦形的河上，桥为汉白玉单孔拱桥，虎皮石桥体，南北向坐落。桥上东、西各有五块汉白玉栏板，桥头有抱鼓。汉白玉单孔拱桥的东侧，还有一座三孔拱桥，高 4.05 米，孔宽 1.92 米。虎皮石桥体，桥上砖砌护栏高 0.9 米，砖雕万字不到头图案。养云轩大门似钟形，门上方镌刻石额“川泳云飞”，外侧刻有楹联“天外是银河烟

养云轩正门

养云轩殿侧视

波宛转，云中开翠幄香雨霏微”。内侧刻有楹联“群玉为峰楼台移上海，众香是国花木秀人寰”。养云轩门前有白石小桥架于葫芦形的河上，桥位汉白玉单孔拱桥，虎皮石桥体，南北向坐落。桥南即是长廊。养云轩院外，东有叠石洞穴及天桥通往乐寿堂的西花园扬仁风。养云轩院落占地面积为1269.24平方米，总建筑面积为523.74平方米。

养云轩意为“养蓄云气之轩”，既然名为“养云”，自然要有朦胧、

养云轩西配殿

飘逸的云。此“云”何来？乾隆在他的“咏养云轩”诗中写道：“水云养以湖，山云养以室。居山复近水，云相兹合一”。养云轩位居山脚，面湖隔廊，山上松烟石瘴汇成山岚，顺着山势灌入轩中；而水中的雾气，在晨曦暮霭中生成，向岸边涌送，于是，山与水的灵魂在流动的云霭雾气中交汇、融合。而游人走进这灵秀的“云”浸漫过的长廊，便进入了“仙境”。养云轩位于乐寿堂以西，排云殿以东，长廊以北。养云轩为一所四合院，正殿五楹，东厢房名为“随香”，西厢房名为“含绿”。养云轩门前有莲塘，俗称“葫芦湖”，上架一孔汉白玉石拱桥。过桥即是长廊。轩东有叠石洞穴及天桥通往乐寿堂的西花园扬仁风。养云轩的大门似钟形，高 2.62 米，面阔 4.4 米。两重平顶上有九个宝瓶。门上方镌刻石额“川泳云飞”，外侧石刻楹联“天外是银河烟波宛转，云中开翠幄香雨霏微”。内侧石刻楹联“群玉为峰楼台移海上，众香是国花木秀人寰”。前、后檐正中八边形门，四角有卷叶砖雕，两侧石门框，安两扇屏门。虎皮石台基为九步垂带式台阶。这种钟形大门在颐和园里唯有此处，极大地丰富了中国造园艺术的内涵，是我们研究中国园林的很好实物。

养云轩

养云轩殿廊内

养云轩院内

颐和园景福阁修缮工程

2021 年完成设计，2023 年 12 月完工。

景福阁位于颐和园万寿山山脊最东端的制高点上，始建于乾隆年间，原名“昙花阁”，平面作六角形，象征昙花的花瓣，两层楼阁，重檐攒尖琉璃瓦顶，第二层设平座，可凭栏远眺，底层为周围廊，下面的平台亦呈六瓣昙花形。佛经上称优昙，象征灵瑞，昙花阁内上下两层都供奉佛像。咸丰十年（1860 年），全部建筑被毁。光绪十八年（1892

景福阁雪景

景福阁内彩画细部（组图）

年），在昙花阁的遗址上改建“十”字形大殿景福阁。景福阁坐北朝南，建于平台上，建筑面积为 502.7 平方米，柱高 4.09 米，四周围廊深 1.65 米。三卷勾连搭歇山式屋顶，前后抱厦，抱厦明间悬挂“景福阁”匾额，有联曰“密荫千章此地直疑黄岳近，祥雯五色其光上与紫霄齐”。阁的前、后抱厦为敞厅，这里地势居高临下，东、南、北三面具有很好的视野，向东可以眺望东部的圆明三园至畅春园一带的园林区。因此，景福阁在这些园林相互呼应、彼此资借的关系中居于一个关键性的位置。向南可纵览昆明湖、南湖岛和十七孔桥一带水面的开阔景色，适宜赏雨、

景福阁内彩画

景福阁匾额

檐角飞翘宛如蝙蝠，故名“景福阁”

赏雪等。

为了更好地保护这组文物，对建筑进行整体修缮已迫在眉睫。通过对景福阁的整体修缮，消除景福阁室内外地面、墙面、屋面、梁架、门窗、装修、吊顶等部位出现的不同病害，排除文物建筑现存的自然力和人为造成的损伤，制止新的破坏，延缓局部破坏的趋势，满足建筑正常使用的需求。修缮工程以现状整修为主，通过对文物建筑单体建筑进行勘察，着重对重点保护部位进行保护。依据使用功能要求恢复部分传统做法，屋面局部挑顶，更换糟朽椽望、连檐、瓦口，柱根包镶，整修归安松动的木装修，排除建筑安全隐患，为今后的使用提供条件。 本次修缮工程的技术路线以去除现存建筑病害或延缓病害进一步发展为主。建筑各个部位尽可能恢复历史原有形制，但本次修缮不以完全恢复始建时期建筑原貌为目的，对不同历史时期存留的有保护价值的文物信息最大限度地进行保护。对景福阁文物建筑单体建筑进行勘察，必须遵守《中华人民共和国文物保护法》等相关法律法规，着重对重点部位进行保护。按照《中华人民共和国文物保护法》等对保护工程修缮的相关规定，结合本建筑的特点，加强施工前的详细勘察工作。以文物建筑保护为理念，兴中兴公司坚持“修旧如故、恢复原貌”的指导思想，采取科学严谨的工作态度，认真细致地对待每项技术工作，忠于原有建筑风格，保持该建筑的整体协调。

景福阁金线包袱式苏画

景福阁内

景福阁回廊

颐和园无尽意轩院修缮工程

2022 年完成设计工作。

无尽意轩位于颐和园养云轩之西，为一组四合院形式的建筑，背依万寿山，门临荷塘，园西为国花台。院内墙上装饰有造型各异的什锦灯窗。院内正房五间，东西各有三间厢房，东西北环闭，面南敞开，背山临水，极为幽静。总占地面积为 1395.26 平方米，总建筑面积为 419.34 平方米。

清漪园时期，建筑修建的具体年代和过程无确切的资料记载。根据乾隆御诗中最早出现该建筑名称的年代推断，乾隆二十二年（1757 年）已有无尽意轩。《崇庆皇太后万寿庆典图》中显示，乾隆十五年（1751 年）已有无尽意轩。咸丰十年（1860 年）八月初四，英法联军攻陷通州，八月二十二日，英法联军焚掠圆明园，清漪园同时罹难。清漪园的建筑并非全部化为灰烬。清华大学贾珺教授所著《颐和园》一书根据同治二年（1863 年）《清漪园山前山后南湖功德寺等处破坏不全陈设清册》《清漪园山前山后南湖河道功德寺等处陈设清册》中所载的建筑名称，统计出清漪园劫后余存的建筑包含无尽意轩。

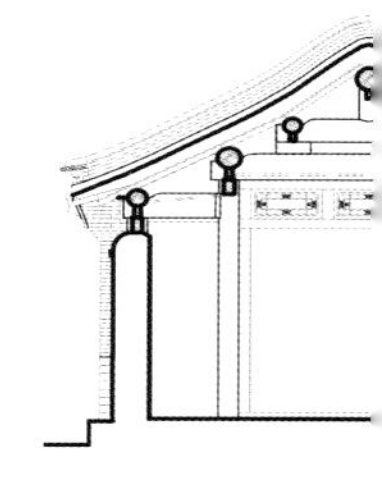

无尽意轩立面图

对清漪园－颐和园相关清宫档案和重修工程图档的整理，以及大量清漪园被焚后的老照片的出现，为进一步明确清漪园劫后余存的建筑形态提供了可能。同治十二年（1873 年），为解决重修圆明园工程木料问题，相关人员对清漪园、静明园、静宜园现存房间进行勘察，同时记录了《三园现存坍塌殿宇空闲房间清册》。咸丰十年，清漪园被焚后，内务府安排相关人员勘察陈设破坏状况并写下《清漪园山前山后南湖功德寺等处破坏不全陈设清册》《清漪园山前山后南湖功德寺等处陈设清册》等资料。这些记录中不仅有建筑陈设内容，而且描述了部分建筑的方位情况。光绪十三年（1887 年），重修勘察人员对清漪

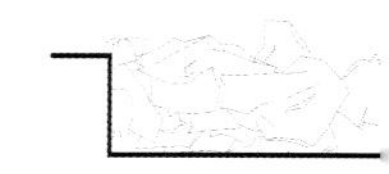

无尽意轩剖面图

园万寿山上的建筑遗存、遗址勘察的文字记录有《万寿山准底册》。颐和园重修样式雷建筑图档中有一部分图纸记录了遗址勘察信息。自光绪十六年(1890 年)底到光绪二十一年(1895 年)上半年，颐和园重修工程每五天一记，形成《工程清单》。根据上述资料可以推断无尽意轩是在咸丰十年（1860 年）幸免于难，在光绪重修颐和园时尚存的建筑，进而可以推断无尽意轩建筑群在重修时，主体基本保存完好。民国二十三年（1934 年），颐和园管理事务所绘《颐和园图》，基本延续了颐和园重修后的格局。

由此可见，无尽意轩始建于乾隆年间，咸丰十年（1860 年）末被毁，光绪十七年（1891 年）重修。无尽意轩原为清代后妃的休息处所。光绪时期，无尽意轩是随慈禧来园时嫔纪、命妇、格格的休息之所。慈禧的女画师缪素筠曾住于此。

颐和园清华轩院修缮工程

2023 年完成设计工作，2024 年开始施工，预计 2025 年竣工。

清华轩位于长廊北侧，排云殿西，与东侧介寿堂相互对应。清漪园时，这里原为仿杭州云林、净慈寺修建的一座佛寺，名为“五百罗汉堂”。堂的平面作“田”字式，有南、东、西三门，堂前有八角形小池，堂东有亭。1860 年，堂被英法联军焚毁。光绪时，堂被改建为双四合院形式的居住建筑，改名“清华轩”。

清华轩的形式和功能与过去有了很大的改变，但前院中的水池和白石拱桥及东院内与记录五百罗汉堂的形制和乾隆平定准噶尔叛乱的石卧碑，仍然是乾隆时期的原物，未有移动。

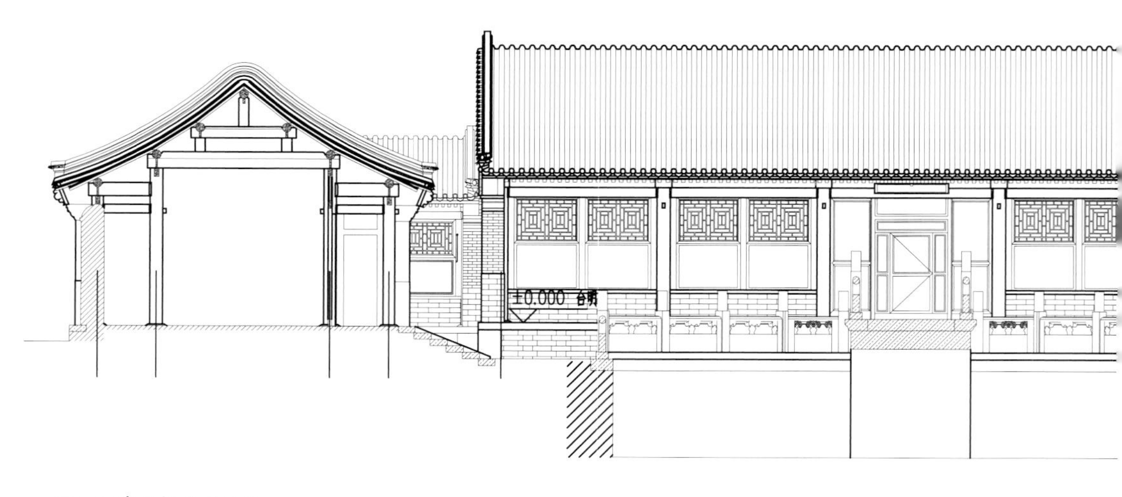

颐和园清华轩总剖面图

清华轩名出自晋·谢混《游西池》中的诗句："悟彼蟋蟀唱，信此劳者歌。有来岂不疾，良游常蹉跎。逍遥越城肆，愿言屡经过。回阡被陵阙，高台眺飞霞。惠风荡繁囿，白云屯曾阿。景昃鸣禽集，水木湛清华。褰裳顺兰沚，徙倚引芳柯。美人愆岁月，迟暮独如何？无为牵所思，南荣戒其多。""水木湛清华"即落日的余晖流洒在池面树梢，水含清光，树现秀色，水木清华。

清华轩内有楹联三对。清华轩："梅花古春 柏叶长青 云霞异彩 山水清音"，取自唐朝李贺的诗句"古春年年在，闲绿摇霞云"，金朝元好问的诗句"灵宫肃清晓，细柏含古春"，明朝袁帙的诗句"云霞异彩翠，山麓眇昏暮"，晋朝左思的诗句"非必丝与竹，山水有清音"，意为梅花盛开早春时节，柏叶常青，云霄呈瑞彩，山水含清越之音。清华轩东配殿："怀抱同欣 兰幽竹静 觞咏所会 日永风和"，意为心胸同怀喜悦于幽静兰竹，饮酒赋诗聚会在和风丽日。清华轩西配殿："玉韫珠怀 山川辉媚 琼滋芝秀 花草精神"，意为此处藏玉含珠，山水显得如此明媚；这里仙液滋润，奇花异草富有神韵。

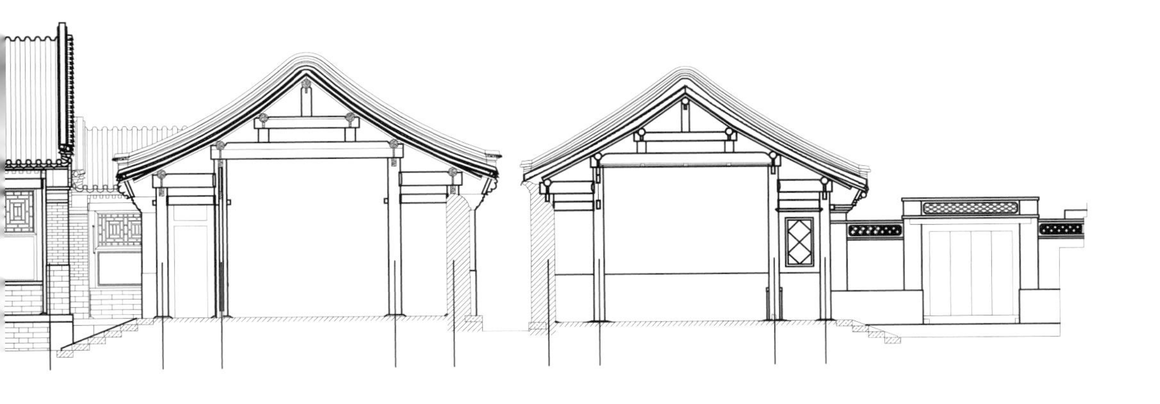

清华轩东跨院内存有乾隆御制诗文卧碑，南面刻有乾隆二十年（1755年）御笔《平定准噶尔勒铭伊犁之碑记》，北面刻有乾隆二十三年（1758年）御笔《平定准噶尔后勒铭伊犁之碑记》，西面刻有乾隆二十一年（1756年）御笔《五百罗汉堂记》，东面刻有乾隆二十三年（1758年）御笔《西师诗》。

自古以来，中国建筑就与诗词歌赋有着不可分割的关系，尤其是园林建筑，更是密不可分。所以，院内的匾额、楹联、碑刻都是清华轩这组建筑的艺术写照，它们与建筑紧密相连，具有极高的艺术价值。

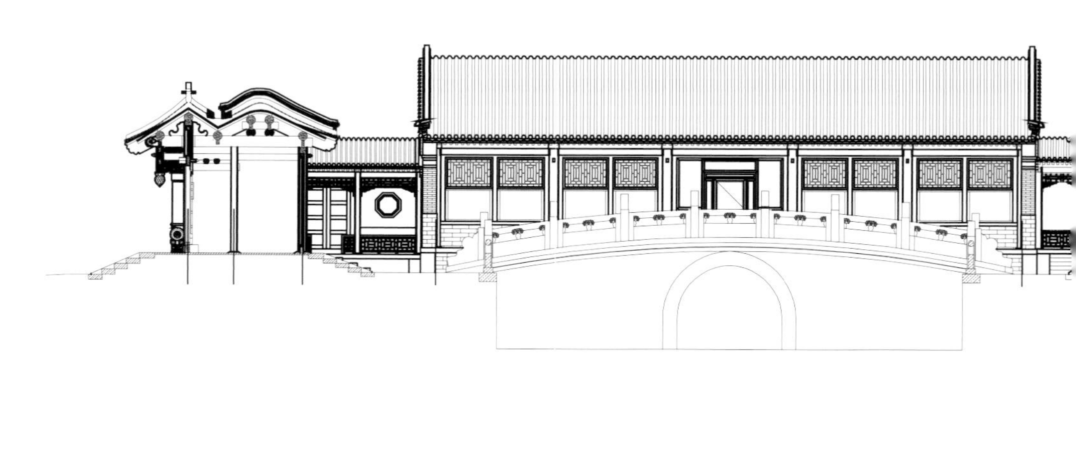

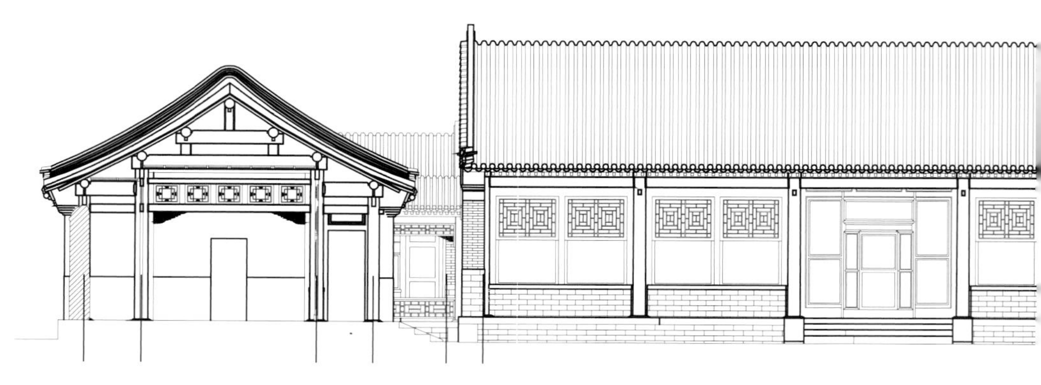

颐和园清华轩剖面图（组图）

同时，中国园林建筑亦是一幅幅水墨画，譬如垂花门两侧的什锦花窗，利用框景手法，从每一个花窗看去就是一幅山水画。清华轩是我们研究中国传统皇家园林建筑艺术价值的重要实物。

兴中兴公司对清华轩一进院、二进院及东跨院内 21 处建筑及院落地面、院墙进行全面勘察（除彩画外），根据勘察结果制定相应的修缮设计方案，同时对该组建筑群内的老旧电气线路进行改造。清华轩院总占地面积约为 3160.7 平方米，总建筑面积约为 1538 平方米，院落面积约为 1647.7 平方米，院墙长度约为 108.01 米。

颐和园介寿堂院修缮工程

预计 2024 年完成设计工作，2025 年开始施工。

介寿堂院位于颐和园排云殿之东，原为乾隆年间大报恩延寿寺慈福楼基址，光绪时改建后更名。前后两院，院内有乾隆时期的连理柏树一棵。“介寿”语出《诗经》：“为此春酒，以介眉寿”，意为祝寿，是帝后拈香时的休息处。介寿堂建筑群位于颐和园前山中路，排云殿东侧。其前身为清漪园慈福楼，咸丰十年（1860 年）英法联军焚毁清漪园，慈福楼组群除山门及部分院墙外无存，光绪十七年（1891 年）

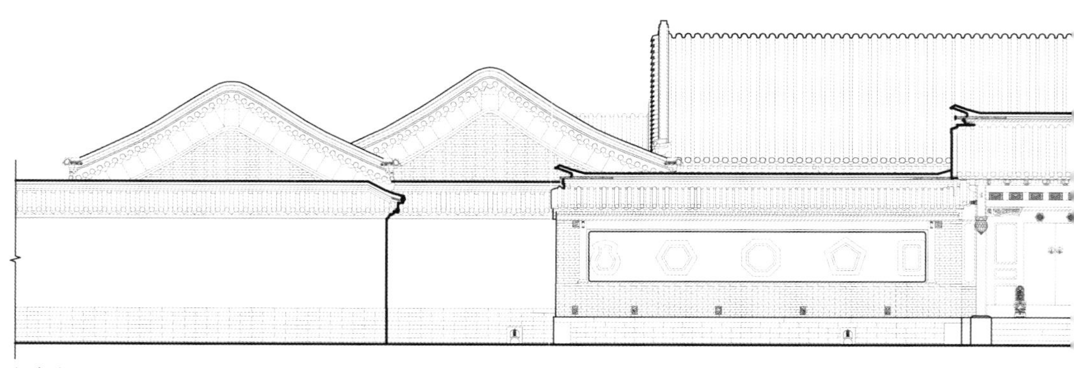

介寿堂院正立面图

介寿堂院剖面图

至二十年（1894 年）重修为介寿堂，是排云殿庆寿活动的辅助空间。总占地面积为 2944.38 平方米，总建筑面积为 1387.55 平方米。院落坐北朝南，院内建筑皆为硬山顶。据《工程清单》记载，介寿堂工程自光绪十七年（1891 年）开始建造，光绪十九年（1893 年）定名，光绪二十年（1894 年）主体建筑竣工，并在后院添建净房、院外东侧添修值房。1931 年补修后，1932 年整组建筑作为甲等房出租。因出租使用功能的调整，改造安装了一些设备管线。1949 年，当时介寿堂的租户为溥儒。1950 年，1949 年以前遗留的园内私人租户全部迁走。1951—1966 年，由租户负责承担介寿堂的油饰整修工作，增建了锅炉房、厕所等，拆改了室内装修，增设了卫生暖气设备等。1959 年，国务院机关事务管理局租用东 13 间，将院落与介寿堂打通，改变了内部结构。1971 年，全院油饰整修，部分房屋加双层玻璃。1993 年，全部建筑整修。

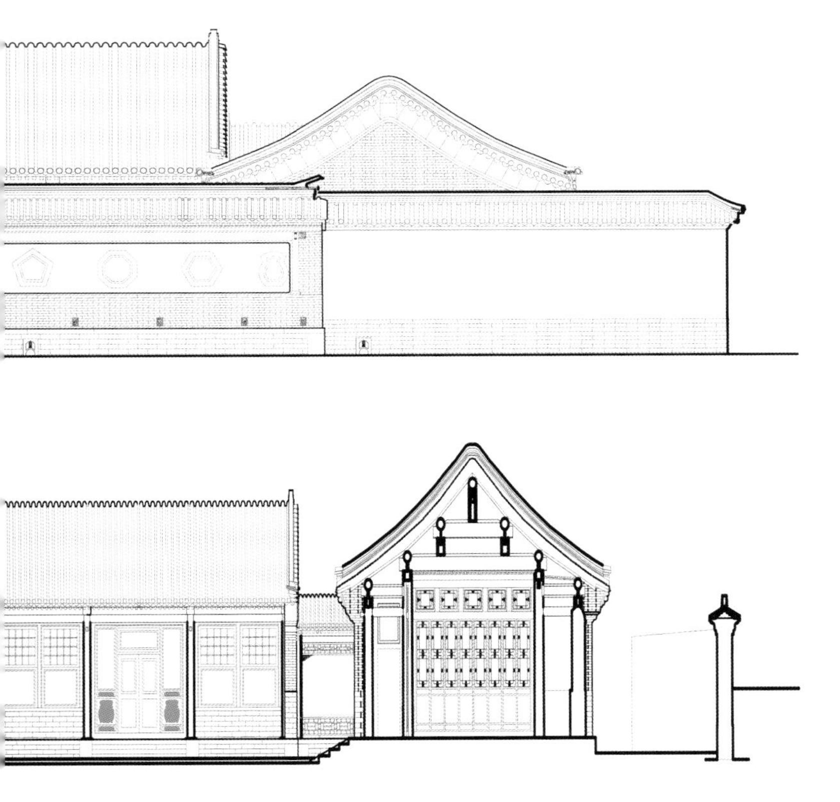

附录

北京兴中兴建筑设计有限公司颐和园设计项目大事记

1. 景明楼复建设计

1991 年景明楼复建设计，1992 年竣工。景明楼复建工程被北京市园林局评为 1992 年优秀工程。

奖

优秀設計奖

中兴文物建筑设计咨询公司：

你单位设计的 景明楼复原（颐和园） 获北京市第六

秀设计表扬奖，特颁发奖状，以资鼓励。

北京市城乡规划委员会

一九九三年

景明楼复建工程获奖证书

2. 澹宁堂复原设计

1995 年复原设计。

3. 颐和园大船坞、小船坞修缮工程

2002 年竣工。

4. 颐和园谐趣园修缮工程

2007—2008 年修缮设计，2009 年竣工验收。在北京市第十六届优秀工程设计评选中被北京市规划委员会评为“历史文化名城保护建筑设计优秀奖”。

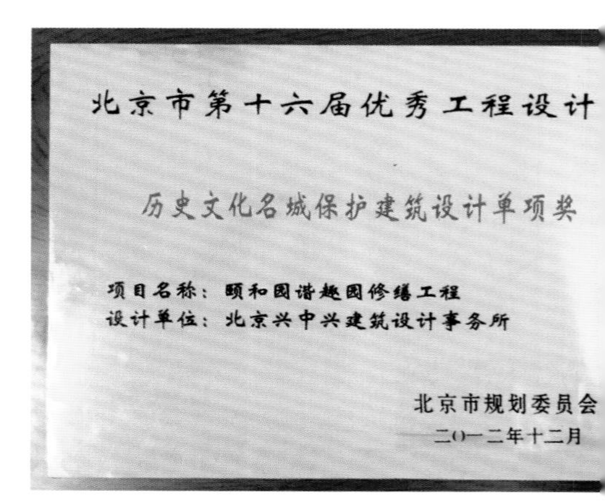

北京市第十六届优秀工程设计

历史文化名城保护建筑设计单项奖

项目名称：颐和园谐趣园修缮工程

设计单位：北京兴中兴建筑设计事务所

北京市规划委员会

二〇一二年十二月

谐趣园修缮工程获奖奖牌

5. 颐和园德和园修缮工程

2009—2010 年修缮设计，2012 年 12 月竣工验收。

四大部洲修缮工程获奖奖牌

6. 颐和园四大部洲修缮工程

2010—2011 年修缮设计，2011 年 10 月竣工验收。2013 年获得“2012 年度全国十佳文物维修工程”奖。

7. 颐和园清晏舫修缮工程

2011—2012 年修缮设计，2013 年 10 月竣工验收。

8. 颐和园南湖岛修缮工程

2012—2013 年修缮设计，2014 年 11 月竣工验收。

9. 颐和园园墙修缮工程

2012—2016 年先后完成颐和园园墙五期的修缮设计，2017 年颐和园园墙修缮工作全部完成。

10. 颐和园 APEC

2014 年亚太经合组织（APEC）会议接待任务——颐和园环境整治工程。

11. 颐和园听鹂馆修缮工程

2010—2014 年修缮设计，暂未施工。

12. 颐和园西堤四桥

2013—2016 年先后完成柳桥、练桥、镜桥、豳风桥四桥的修缮设计。

13. 颐和园知春亭修缮工程

2013—2014 年修缮设计，2019 年竣工验收。

14. 颐和园涵虚牌楼修缮工程

2013—2016 年修缮设计，2017 年竣工验收。

15. 颐和园福荫轩修缮工程

2016—2017 年修缮设计，2019 年竣工验收。

16. 颐和园荇桥牌楼修缮工程

2018 年完成设计，2019 年竣工验收。

17. 颐和园探海灯杆修缮工程

2019 年完成设计，2020 年施工完成。

18. 颐和园须弥灵境建筑群遗址保护与修复工程

2009—2015 年修缮设计，2019—2021 年 12 月施工。获教育部 2023 年度优秀勘察设计传统建筑设计三等奖。

19. 颐和园画中游建筑群修缮工程——土建部分

2013—2017 年修缮设计，2020 年完成施工。

颐和园画中游建筑群修缮工程——彩画部分

2021 年 12 月完成施工。

20. 颐和园辇库修缮工程

2018 年修缮设计，2020 年完成施工。

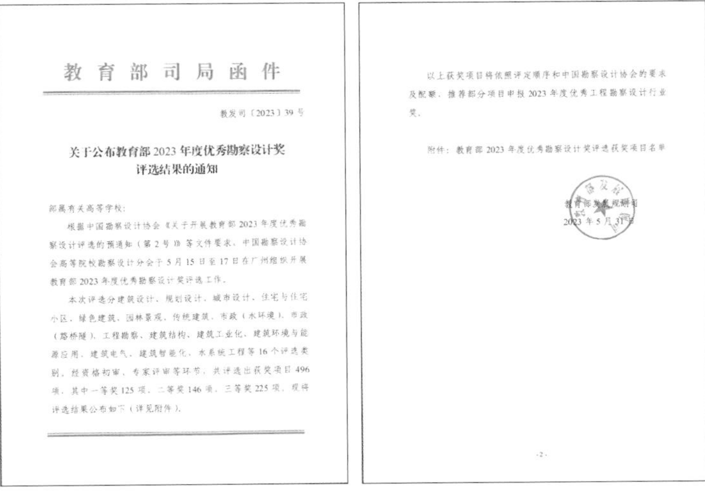

教育部司局函件

教发司〔2023〕39号

关于公布教育部2023年度优秀勘察设计奖评选结果的通知

部属有关高等学校：

根据中国勘察设计协会《关于开展教育部2023年度优秀勘察设计评选的预通知（第2号）》等文件要求，中国勘察设计协会高等院校勘察设计分会于5月15日至17日在广州组织开展教育部2023年度优秀勘察设计奖评选工作。

本次评选分建筑设计、规划设计、城市设计、住宅与住宅小区、绿色建筑、园林景观、传统建筑、市政（水环境）、市政（路桥隧）、工程勘察、建筑结构、建筑工业化、建筑环境与能源应用、建筑电气、建筑智能化、水系统工程等16个评选类别，经资格初审、专家评审等环节，共评选出获奖项目496项，其中一等奖125项，二等奖146项，三等奖225项，现将评选结果公布如下（详见附件）。

以上获奖项目将依照评定顺序和中国勘察设计协会的要求及配额，推荐部分项目申报2023年度优秀工程勘察设计行业奖。

附件：教育部2023年度优秀勘察设计奖评选获奖项目名单

教育部发展规划司

2023年5月31日

-2-

须弥灵境修缮工程获奖通知函

21. 颐和园澄怀阁修缮工程

2019年设计完成，2020年竣工。

22. 颐和园养云轩院修缮工程

2021年完成设计，2023年12月竣工。

23. 颐和园景福阁修缮工程

2021年完成设计，2023年12月竣工。

24. 颐和园无尽意轩院修缮工程

2022年完成设计工作。

25. 颐和园清华轩院修缮工程

2023年完成设计工作，2024年开始施工，预计2025年竣工。

26. 颐和园介寿堂院修缮工程

预计2024年完成设计工作，2025年开始施工。

编后记
致敬世界遗产瑰宝的呵护者

金磊

在刘若梅会长的指导下，为刘会长编辑的图书已有多部。自2011年，在周治良老院长（曾任第二届中国文物学会传统建筑园林委员会主任委员）、付清远会长、刘若梅副会长的举荐下，我加入了中国文物学会传统建筑园林委员会。作为一名专职从事中国传统建筑园林研究与传播的副主任委员，除在秘书处的支持下，将罗哲文前辈的《传统建筑园林通讯》坚持出版外（2011—2022年，共出版23期），我还先后于2011年12月、2012年11月、2013年11月推出建筑文化遗产传承保护发展主题文集。2014年系中国传统建筑园林委员会成立三十周年，在刘若梅会长及北京兴中兴建筑设计有限公司的支持下，隆重推出《中国古建园林三十年》一书，它无疑标志着在中国文物学会指导下的中国古建园林学术事业的发展路径。

从出版传媒机构的职责出发，十多年来，从《建筑创作》杂志到《中国建筑文化遗产》丛书，我们先后为世界遗产颐和园出版了《颐和园

2013年2月12日，采访周治良先生

2020年3月27日，刘若梅会长陪同编辑部团队考察颐和园

《建筑文化遗产的传承与保护论文集》封面

《建筑文化遗产的保护与利用论文集》封面

《建筑文化遗产的传承与发展论文集》封面

中国建筑遗产保护 70 年学术论坛论文集封面

《中国古建园林三十年》封面

2012 年《传统建筑园林通讯》复刊后第一期封面

2022 年《传统建筑园林通讯》总第 68–71 期封面

《筑心绘翎——刘若梅建筑文化遗产保护天地》封面

排云殿–佛香阁–长廊大修实录》《光幻湖山——颐和园夜景灯光艺术鉴赏》《颐和园长廊彩画溯源研究》等书，2020 年编辑出版了刘若梅个人的传记体技术著作《筑心绘翎——刘若梅建筑文化遗产保护天地》，从中可读到刘会长笔下及口述的生平，特别是她对呵护中国建筑遗产的观点与态度。2020 年 3 月疫情背景下，《中国建筑文化遗产》编辑部一行随刘会长赴颐和园考察学习，我才更全面地认知到刘会长及兴中兴公司除在故宫博物院、长城等世界文化遗产修复上贡献卓著外，她早在 1988 年起就投身颐和园的建筑遗产保护传承事业中（颐和园于 1961 年被列为第一批全国重点文物保护单位，1988 年还未入选世界文化遗产名录）。我想，也许刘会长及其兴中兴公司对世界遗产地诸多项目修缮的设计研究与营建，并非冷门绝学，但经他们之手的项目在社会及行业中的认知度不断提升，这让修复项目熠熠生辉，让不少年轻人主动加入团队，传承不辍。所以可以讲，刘会长及其团队所从事的世界遗产保护工作，是为中华文化创新创造注入源头活水所做出的努力。

《营建与技艺——世界文化遗产颐和园》一书，收录了自 1988 年至今（还在设计建设）的 25 个项目，它们涵盖了颐和园建筑的各种类型，是可以从中提炼具有世界意义的中华宫廷经典建筑园林文化精神标识的，既有物质文明（器物）、精神文明（思想），又有制度文明（制度）等。近年来，在数十次交谈与十多场学术论坛中，我看到刘会长主动在现代化时代进程中不断推进着遗产保护事业，积极探索与世界遗产的文明交流与互鉴，我们也逐渐在建筑遗产保护上达成了一系列共识。在古建筑前辈罗哲文、谢辰生，乃至北京建院张镈、张开济、周治良等人那里，也从颐和园各级领导刘耀中、丛一蓬、秦雷、荣华、刘媛等人那里，都能听到对刘会长及兴中兴公司的肯定。为此，我对刘会长团队的遗产保护工作的评价是："真"是他们设计与营建的驱动力与初心；"善"学"善"用，是他们在项目中，从传统文化中获得资源的力量所在，于是才用敬畏之心，从传统建筑技艺中借鉴汲取，不断实现文化传承基础上的创新；"美"是颐和园从古建到景观园林的魅力所在，对"美"的追求成为兴中兴设计团队特别恪守的，世界遗产颐和园多元的韵味及特殊的美感，都需要在传承与创新下，做有个性、细腻、与时代之美接轨的理解与判断，让坚守与创造共存。

2024 年系新中国成立 75 周年，2024 年 9 月 19—21 日，以"深化文化交流 实现共同进步"为年度主题的北京文化论坛举办，观摩的第一站即"三山五园"之颐和园，同时也迎来了北京兴中兴建筑设计有限公司成立 40 周年。用《营建与技艺——世界文化遗产颐和园》一书的脉脉书香沉淀都城北京的软实力确实意义非凡，因为从这里不仅可以读到刘会长及团队"耕耘"颐和园近 40 年的设计营建经验，还给中国更多的世界遗产地以启迪。基于此，《营建与技艺——世界文化遗产颐和园》一书自 2020 年启动编撰后，首先得到颐和园管理处各级领导的大力支持。刘会长团队的张玉、王木子等积极撰文并提供项目图纸。《中国建筑文化遗产》编辑部组织精悍团队，从策划、撰文、建筑摄影、版式设计诸多方面倾情投入，尤其是建筑摄影师李沉、万玉藻的摄影工作始于疫情防控期间，他们克服了困难，奉献了精彩图片，尤其是还能按照“四季”提供相应的作品，表达了《中国建筑文化遗产》编辑部全体对刘会长及兴中兴公司的热忱，也传播了对承担本书编撰工作的投入度。

感谢中国文物学会会长单霁翔撰写序文，感谢中国工程院院士马国馨大师为本书题写书名，更感谢北京兴中兴公司及《中国建筑文化遗产》编辑部全体编撰人员的携手努力。在此，我代表《中国建筑文化遗产》编辑部表示，我们的编辑工作是对颐和园建筑文化再研读的过程，愿我们的所为及成果体现“传承”“创新”“责任”这些关键词，更希望该书带给行业及读者对世界遗产颐和园的新认知与新品鉴。

金磊
《中国建筑文化遗产》《建筑评论》编辑部主编
2024 年 9 月

《营建与技艺——世界文化遗产颐和园》编委会

主编单位　北京兴中兴建筑设计有限公司

承编单位　《中国建筑文化遗产》编辑部

封面题字　中国工程院院士　马国馨

编　　著　刘若梅

策　　划　金　磊　刘若梅

副 主 编　张　玉　王木子

执行编辑　苗　淼　董晨曦　李　沉　朱有恒　金维忻　刘仕悦

文字提供　刘若梅　张　玉　王木子

美术编辑　董晨曦　朱有恒

图片图纸提供　北京兴中兴建筑设计有限公司

建筑摄影　中国文物学会20世纪建筑遗产委员会　李　沉　万玉藻　朱有恒

合作单位　北京市颐和园管理处